上）ハテの浜。久米島の沖合にある、約７㎞の長さの砂でできた島。島からは渡し船で行くことができる。
下）畳石。直径１．５ｍほどの亀の甲羅状に形成された奇岩。溶岩が冷えてできたもので、日本の地質百選にも選ばれている。（写真はともに久米島町観光協会）

久米島の赤土。（写真　国立環境研究所）

島尻川河口。中央に山を有する島の地形のため、大雨が降ったことにより流出した土砂は河川に集中し、海へと排出される。

河川濁度調査。降雨後に、プロジェクトで実施した用水路の濁度や流速などの計測調査風景。ソーラーパネルで電力を供給する自動計測装置も設置した。
（写真はともに久米島応援プロジェクト）

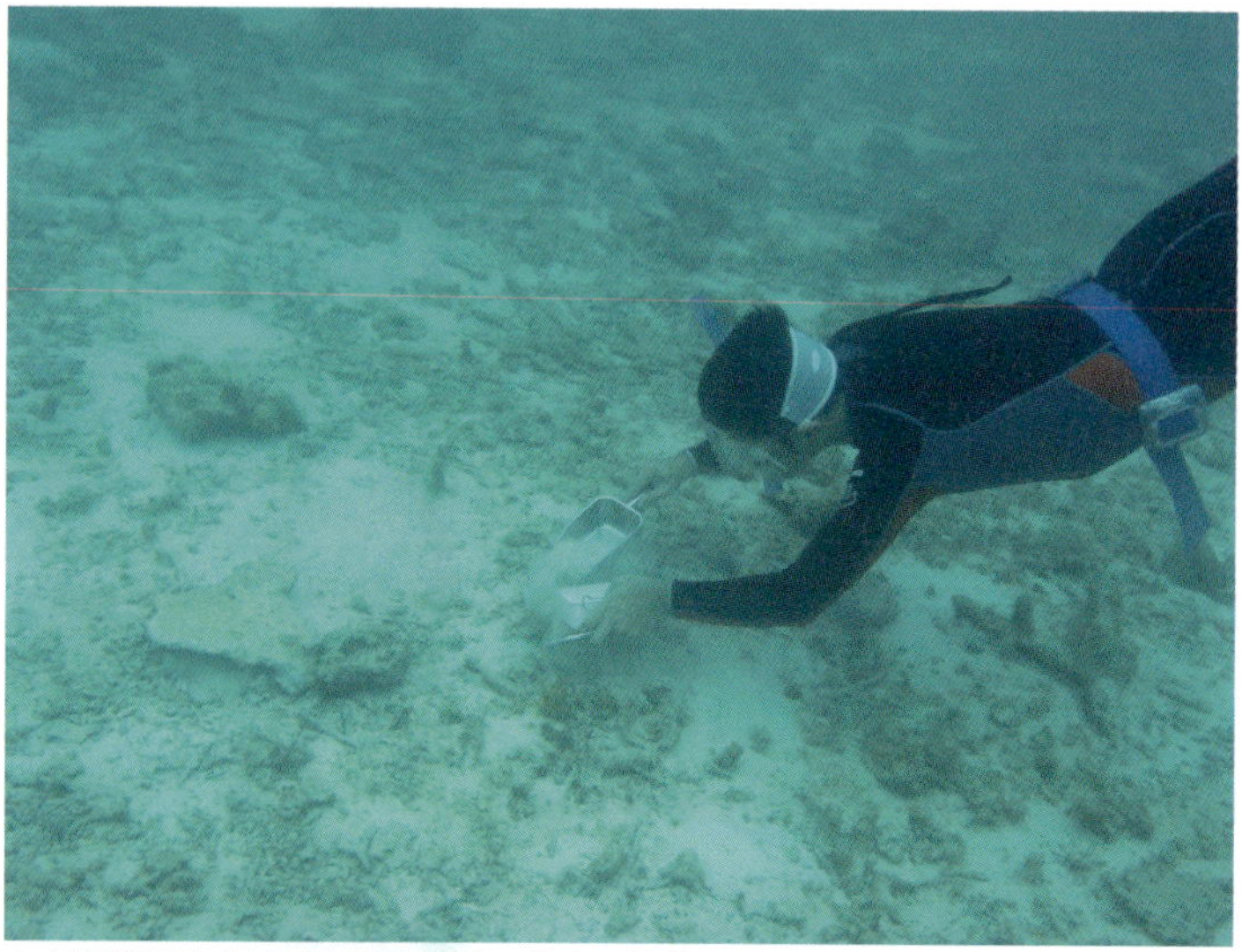

赤土堆積状況／土砂流出状況調査。海底に堆積した土砂を、素潜りで採取している様子。水中のため、素早く容器に詰めて浮上するという作業を繰り返す。

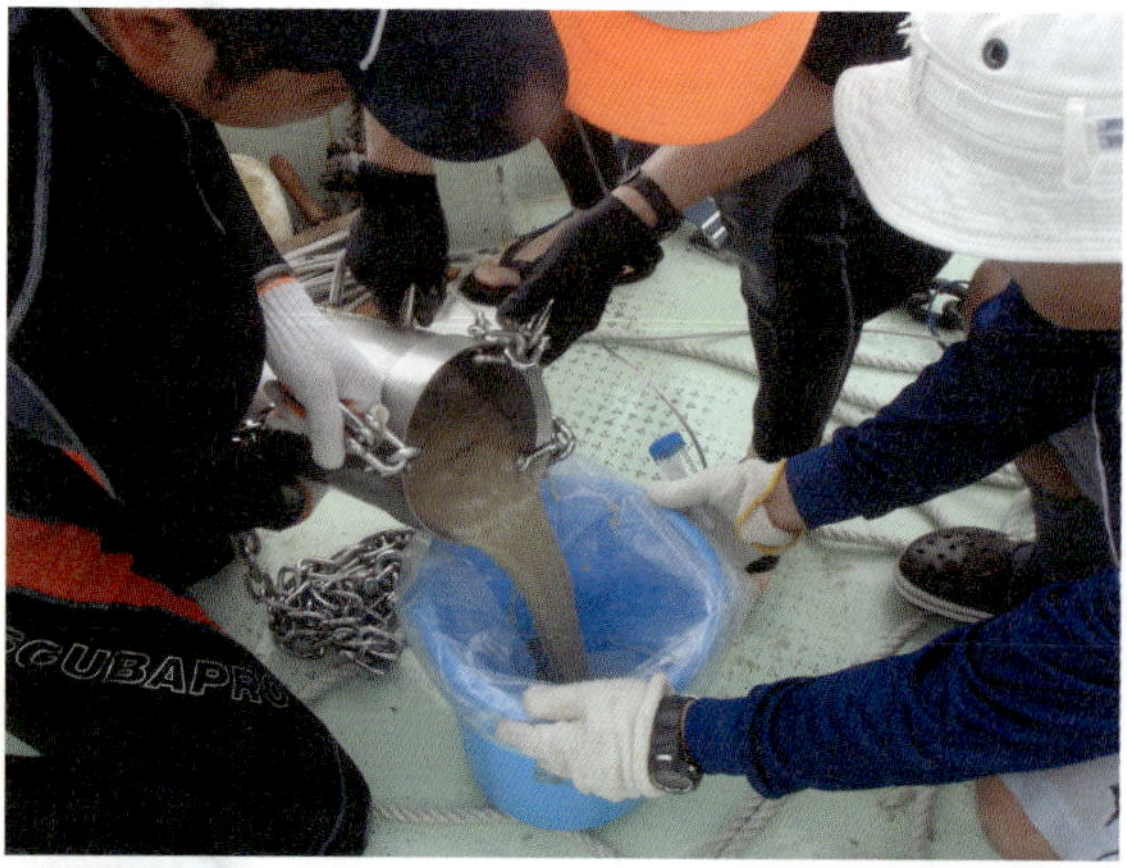

深度が深い場合などは、船上からドレッジャー（浚渫器具）を使って堆積土砂を採取する。（写真はともに沖縄県衛生環境研究所）

上）プロジェクトで確認された「ナンハナリ」のサンゴの大群集は、主にヤセミドリイシで構成されている。周辺の海域にサンゴの幼生を供給する貴重な場所である。
下）「ナンハナリ」と呼ばれる深さ 15 ～ 35m の海域に、長さ 1 ㎞以上にわたり広がっているサンゴの大群集。写真中央にはクマノミの仲間がみられる。（写真はともに塩入淳生）

新種のヌマエビ。
水深約 35m の海底鍾乳洞で発見された新種のエビ。通常、河川から河口汽水域の淡水に生息するヌマエビ類だが、海での発見は世界初。（写真　藤田喜久）

宇江城城跡。島の最高峰の宇江城岳にある王朝時代の城跡。360度の展望が楽しめ、車で気軽に訪れることができる。（写真　久米島町観光協会）

宇江城から島尻崎の方向を望む。天気が良い日には、粟国島や慶良間諸島なども見ることができる。（写真　久米島応援プロジェクト）

上江洲家。およそ400年程前に建てられた琉球王朝時代の地頭代の家。防風林の福木や石垣に囲まれ、風情のあるたたずまい。

仲里間切蔵元石牆。琉球王朝時代に作られた蔵元 (役場) の跡。石垣はアーチ形の美しい構造で、地元で取れた琉球石灰岩の切石積み。(写真はともに久米島町観光協会)

久米島の人と自然

小さな島の環境保全活動

権田雅之＋深山直子＋山野博哉＝編著

標高300mを超える山をもち,
米どころとしても知られた自然と文化豊かな久米島.
島の住民とともに,
WWFジャパンや国立環境研究所等が取り組んだ
3年間の環境保全活動を追った一冊.

築地書館

はじめに

沖縄の島々に見られる代表的な風景といえば、サンゴ礁に縁取られた青く美しい海が、まず思い起こされるのではないでしょうか。沖縄の文化の豊かさは、こうした沿岸から陸へとつづく特異な自然環境のなかに人々が暮らすことによって、長い時間をかけて築かれてきました。これらの島々には、地史的に長く隔離されたことの証として、数多くの固有種が生息している一方で、様々な開発行為や環境汚染が、それらの生物に影響を及ぼしていることが明らかになってきています。

本書は、久米島という小さな島を取り上げてその魅力を伝えるとともに、沖縄全域の課題である赤土の流出問題に対し、この離島を舞台に私たちが取り組んだ活動、「久米島応援プロジェクト」の紹介を目的としています。

本書では、まず、久米島の自然環境と人々の歴史や暮らしを紹介した上で、近年深刻化している赤土と呼ばれる土砂の流出による環境への影響を解説します。続いて、この赤土の流出問題に対して、島外の専門家集団がどのような調査と分析を行い、その結果を踏まえて地域の役場や保全団体等と共に、問題の解決に向けてどのような働きかけをしたのか、ということを具体的に明らかにします。最後に、

「久米島応援プロジェクト」の成果と課題を、プロジェクトのメンバーの視点はもとより、島の住民の視点も交えながら報告します。

本書が読者のみなさんにとって、沖縄の自然に興味を持ち、足を運ぶための後押しとなるだけでなく、日頃何気なく消費している農産物をとりまく様々な課題を考えるきっかけとなれば幸いです。また、全国各地において様々なかたちで環境保全にかかわっている方々が、私たちの活動や経験をヒントにして、さらなる活動や議論を展開して頂ければ、編著者らのねらいは十分に達成されたといえましょう。

権田雅之
深山直子
山野博哉

久米島の人と自然　目次

久米島の人と自然

小さな島の環境保全活動

第1章　久米島の姿

島の成り立ち――火山とサンゴ礁の島

山野博哉

久米島は、日本の南にある琉球列島の中の一つの島。沖縄本島の西約100㎞にあり、面積約60㎢、標高が最大で310ｍ、人口約8300人の、サンゴ礁に囲まれた小さな島です（図1－1）。西には石灰岩でできた台地が広がり、南にはよく発達したサンゴ礁、南東の島尻には深い森に覆われた阿良岳があります。東に目を向けると、そこには広い平地と砂浜（イーフビーチ）が広がり、その沖には東西に長いサンゴ礁とその上に乗った白いサンゴ礁の砂でできた州島、ハテの浜があります。小さいながらも、久米島には多様な地形や地質があり、これには島の形成史が大きく関わっています（木村　1996、神谷　2007）。

久米島の形成史は、約2000万年前にさかのぼります。そのころ、東シナ海は無く、琉球列島と中国大陸は陸続きでした。今の久米島のある場所の地下では、マグマの活動が盛んになり、火山の噴火が起こりました。噴出物が堆積してできた地層が阿良岳層で、久米島で最も古い地層です。この地層は久米島の南にある島尻集落の周辺で見られ、かつて金の採掘が行われていました。その金は、阿良岳層にマグマからの熱水が入り込んでできたものです。その後も火山活動は続き、奥武島の畳石ができました。約600万年前のことです。このころまで琉球列島は中国大陸の一部となっていたようです。その後、琉球列島は中国大陸から離れ、東シナ海が現れました。久米島では、再び火山活動が盛んになり、200万年前に宇江城《うえぐすく》岳層ができました。島で一番高い宇江城岳はこの地層からできています。

130万年前になると、「琉球サンゴ海」と呼ばれる暖かい海が琉球列島全体に広がり、広くサンゴ礁ができました。大原の石灰岩はこのときにできたのです。現在見られるサンゴ礁は、約1万年前からでき始め、約5000年前に今の海面に姿を現しました(Kanほか 1991)。久米島の西から北にかけては、このサンゴ礁が隆起し、陸地になっています。東の平地やハテの浜は、このサンゴ礁ができた後にサンゴ礁からサンゴのかけらなどが運ばれて堆積してできたと考えられます。

こうした地形や地質を人々は利用し、さらに改変して現在の久米島の景観ができました。火山からできた岩からは湧き水が出ます。それを利用して山の周辺ではかつては水田で米が作られていました。久米島の名前はそれに由来します。一方、石灰岩は水はけが良く水がたまりにくいため、西の石灰岩台地では水田は作られず、サトウキビ栽培が行われてきました。隆起したサンゴ礁には久米島空港が作られ、北の方では隆起サンゴ礁を削ってクルマエビ養殖場が作られています。東の平地にはかつては湿原があり、浜では塩田が作られていました。サトウキビが普及するにつれ、湿原は埋め立てられて一面のサト

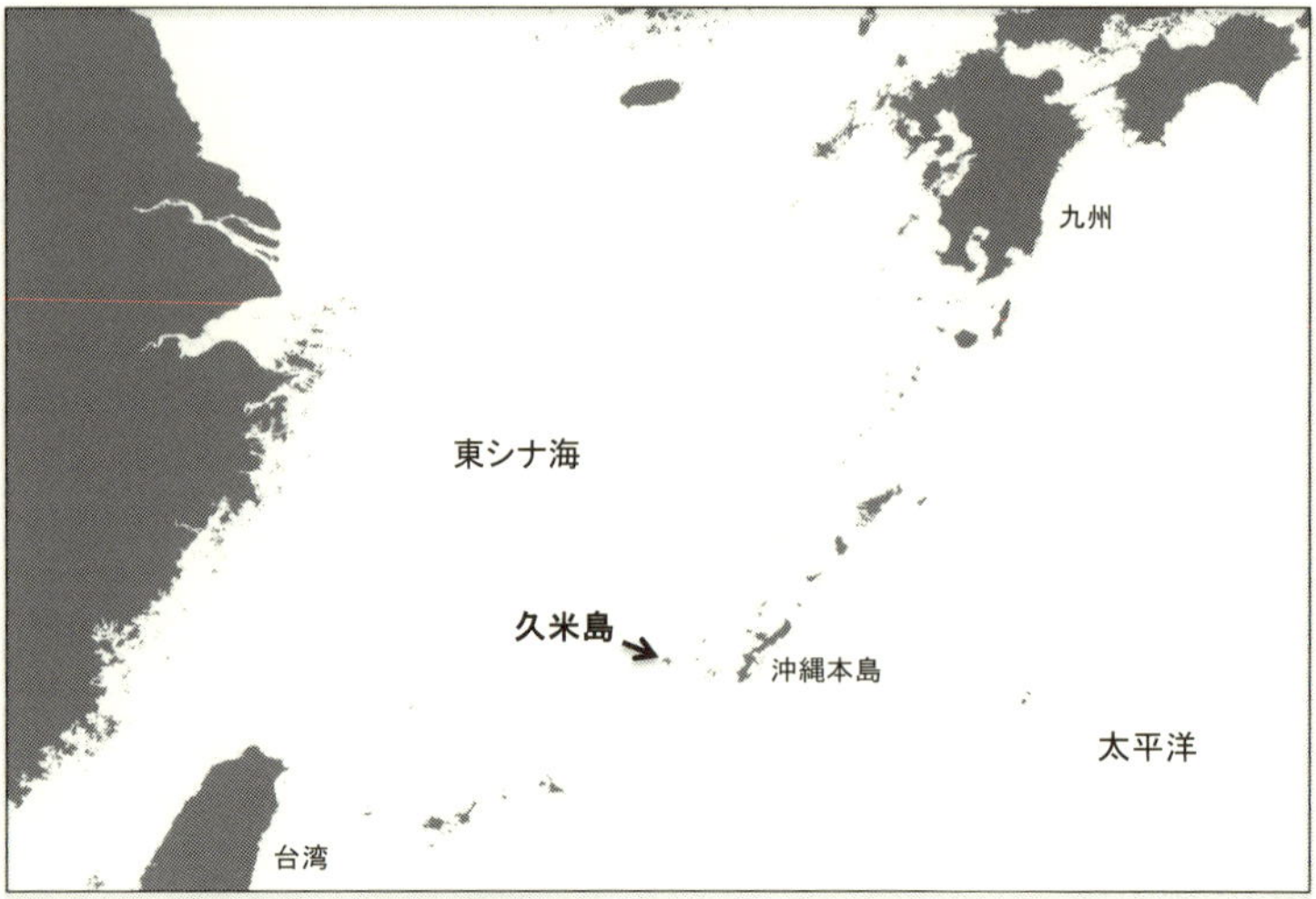

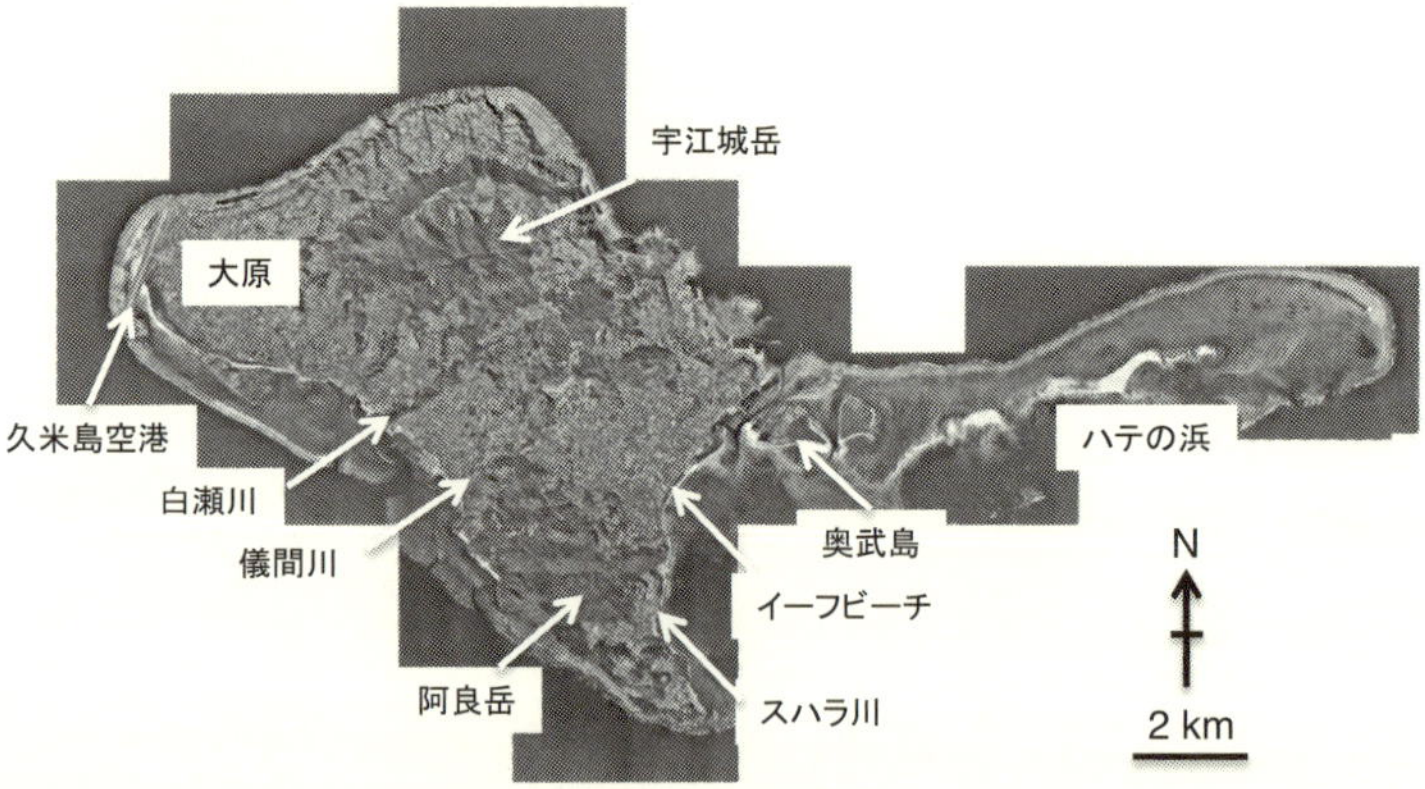

図１－１　久米島の位置（上）と久米島の空中写真（下）

ウキビ畑となっています。

島の生き物——島で進化した動植物たち

山野博哉

琉球列島は、生き物の宝庫です。南から北に、西表島では亜熱帯の照葉樹林が、屋久島では照葉樹林から冷温帯の針広混交林が広がります。海岸はサンゴ礁で縁取られ、河口にはマングローブ林が発達しています。動物の8割近くを占めると言われている昆虫を例にすると、日本のたった0・6%の面積しかない島々に、日本で見られる昆虫の5分の1の種類が暮らしているのです。かつて、生き物の分布状況に基づいて、イギリスの自然科学者ウォーレスは世界を6つの地域に区分しました。琉球列島はこのウォーレスの区分の旧北区と東洋区の境目にあります。すなわち、琉球列島では北方系・南方系両方の動植物が見られ、このことが生き物の種類が多い理由となっているのです。種類が多いだけではありません。琉球列島にいる昆虫の4分の1が、世界の中で琉球列島にしかいない「固有種」です。もちろん、昆虫だけではなく、有名なアマミノクロウサギ、イリオモテヤマネコも琉球列島にしかいない固有種です。

久米島にも多くの種類の生き物が暮らしています。そして、世界の中で久米島にしかいない生き物がいます。は虫類ではキクザトサワヘビ、クメトカゲモドキ、昆虫類ではクメジマボタル、シブイロヒゲボタル、クメジマノコギリクワガタ、クメジマアシナガアリ、クメカマドウマ、甲殻類ではクメジマオオサワガニ、クメジマミナミサワガニがそうです。多くは絶滅のおそれがあるとされ、環境省によって絶滅危惧種に指定されています。中でも、キクザトサワヘビ、クメトカゲモドキ、クメジマボタルは天然記念物に指定されています。

こうした生き物のすんでいる渓流や湿地は、国際的にも価値が非常に高いと認められ、2008年にラムサール条約に登録されました。ラムサール条約とは、湿地の生態系を守る目的で1971年に作られた国際条約で、日本では北海道の釧路湿原など46か所がラムサール条約湿地として登録されています。2006年からWWFジャパンが進めた南西諸島生物多様性評価プロジェクトでも、さまざまな分野の専門家が久米島を重要地域であると指摘しました。ほ乳類、鳥類、両生類、は虫類、昆虫類、魚類、甲殻類、貝類、海草類、藻類、サンゴ類にとっての重要生息地を重ねて作った生物多様性優先保全地域は、久米島のほとんどすべてを占めていたのです（図1－2）。

実は、久米島は、面積は小さくとも琉球列島の他の島々に比べて生物の多様性が高いのです。は虫類、両生類の種数と島の面積、標高との関係を見ると、久米島は面積が小さく標高も比較的低いにもかかわらず、種数が多いことがわかります。前の項で述べたように、久米島の地形や地質は多様で、それが多様な生物のすみかになっていると考えられます。そして、先に述べたように世界中でこの島にしかいない生物も多く、久米島は生物の高い多様性と固有性を持っていると言えます。琉球列島が中国大陸とつながっていた時代に、ハブやリュウキュウジカなど多くの生物が中国大陸からやってきました。世界中

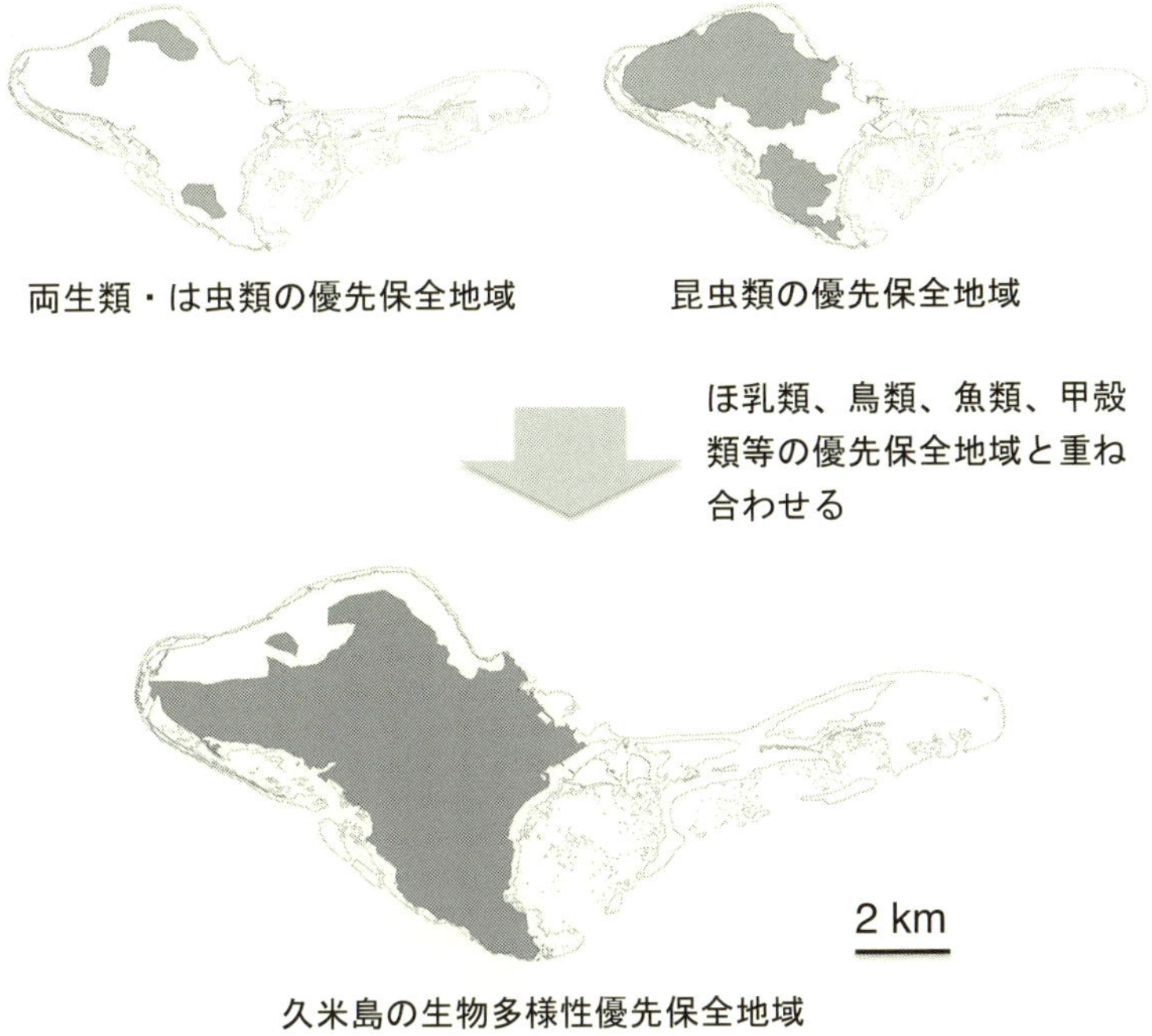

図１－２　久米島における生物の優先保全地域と、それらを統合した生物多様性優先保全地域（WWFジャパンの南西諸島生物多様性評価プロジェクトによる）

に久米島にしかいないキクザトサワヘビは、久米島がちょうど大きな川の河口付近に位置していた520〜300万年前ごろにやってきて、その後久米島が中国大陸や他の島々と切り離されて残されたと考えられています。こうした久米島の形成史が固有種の多さと深く関わっているのです。

コラム1　ラムサール条約

ラムサール条約とは、日本語で正式には、「特に水鳥の生息地として国際的に重要な湿地に関する条約」と呼ばれ、1971年にイランのカスピ海沿岸の町ラムサールでこの条約が初めて採択されたことから、通称ラムサール条約と呼ばれています。

渡り鳥は、国境を越え、何千キロも旅する種もいます。国ごとに経済や社会状況が違えど、渡り鳥にとっては関係ありません。経路の途中の渡来地やその環境が失われてしまえば、彼らの渡り行動だけでなく、種の存続すら危ぶまれることになりかねません。そのため、多国間でこの条約を批准し、登録湿地について保全と利用の計画を作ること、自然保護区の設定やその管理・監視を行うことなどが定められています。

2015年2月現在、全世界での締約国は168か国、登録湿地数は2186か所に上ります。また日本国内では、北は北海道の北端にほど近いクッチャロ湖から南は沖縄県の石垣島の名蔵アンパルまで、46か所を数えます。（権田雅之）

ラムサール条約に登録されている久米島のスダジイの林の中を流れる清流には、キクザトサワヘビなどの固有種も生息する（写真　環境省那覇自然環境事務所）

島の歴史

深山直子

久米島における人間の居住がはるか昔に遡れることは、考古学的な発見から証明されています。島の北西部に位置する下地原《しもじばる》洞穴から、1・5万年前〜2万年前の幼児の化石骨が発掘されているのです。また西海岸には、約3500年前に始まったとされる大原貝塚をはじめ、たくさんの貝塚が確認されています。貝塚からは、約2000年前の中国の漢の時代の貨幣も出土していることから、その時点では既に中国となんらかの交流があったことも窺えます（上江洲　2007）。

以下では、文字記録がある時代を、久米島出身の郷土史家、仲原善秀にならって、4区分して概観していきましょう（仲原　1982）。

部落生活時代

『続日本紀』には8世紀初めに「球美の人が奈良を訪れた」という記述があり、この「球美《くみ》」が久米島のことであるといわれています。「球美」は、米に関係する古い地名だといわれることから、この頃には既に、迫田《さこだ》——山あいにある小さな田——において、米が作られていたのでしょう。

次第に、現在の字《あざ》の前身と位置付けられる集落が、各地で発達していったと考えられます（仲原　1982）。各集落には、草分けの氏族集団である根屋《にいや》／根所《にいじょ》があり、その家の男は根人《にっちゅ》と呼ばれ、村落の首長的存在でした。その家の娘は根神《にーがん》と呼ばれ、複数の神人《かみんちゅ》を従えて、祭祀の統括者を務めました。根人及び根神、神人は世襲制であったようです（桜井、他　１９８２）。

按司時代

さて、久米島と沖縄本島の交流で最も古い記録は、13世紀に久米島を含む島々から英祖《えいそ》王に入貢した、というものです。ただしこの時代の王の権力は限定的で、久米島に対する政治的支配は及んでいなかったと考えられます。14世紀になると、沖縄本島では各地域の支配者である按司《あじ》を束ねるより強力な王が登場し、それぞれの王が率いる三国が敵対する三山時代を迎えます。久米島にも14世紀から15世紀にかけて、島外から按司がやってきたと考えられ、各地に城《ぐすく》を構えて割拠しました。中でも伊敷索《ちなは》按司は勢力が強かったことで知られており、長男は久米中城、次男は具志川城、三男は登武那覇《とんなは》城の城主になりました（上江洲　２００７）。

この時代、沖縄と中国あるいは東南アジアとの交流はますます盛んになり、久米島でもそれらの地域と交流があったことを示す数々の伝承が残っています。

王国時代

沖縄本島では尚巴志《しょうはし》王によって、１４２９年に三山統一が果たされます。15世紀末に王位を継承した尚真《しょうしん》王は中央集権化を図り、16世紀初頭頃に久米島の按司たちを討伐しました。久米島はその他の離島と同様に、政治的・経済的に琉球王国に組み込まれていったわけです。加えて、祭祀集団の組織化が進められ、島の最高神女として君南風《ちんべー》が任命され、その配下にある10名のノロが主たる集落に配置されました。旧来の根神や神人は、これらノロの下に位置付けられました（桜井、他　１９８２）。

以降、久米島は他の離島と同様に、琉球王府に対する租税の納入に苦しめられるようになります。その状況は、１６０９年に島津藩が琉球王国に侵攻した後、さらに悪化したと考えられます。久米島の租税の特徴として、地租が雑穀ではなく米で納められたこと、地租の６、７割を紬《つむぎ》の反物で代納していたことが挙げられるでしょう（仲原　１９８２）。

さて、島には久米中城間切《まぎり》——１６６８年頃に仲里間切と改称されます——と具志川間切があり、それぞれの間切は複数の村から構成されていました。例えば、島津藩の侵攻に次いで１６１０年から行われた田畑調査の結果である「慶長検地帳」には、現存する字名が村名として多数記載されています。間切は総地頭の領土として治められ、各村には脇地頭が配置されて、在番や検者と呼ばれる政府から派遣された役人が監督指導にあたりました。この時代、村が山裾や丘の上から土地が開けた低地へと移動することが、しばしばあったようです。17世紀から18世紀にかけて、水路やため池といった大規模な水利施設の開発が各地で進み、同時に植林や山林の保護も行われたといいます（仲原　１９８２、小川　１９８２）。

ところが、18世紀末から疫痢・麻疹・天然痘といった伝染病が次々と流行りました。その結果人口が減少し、島の経済活動に大打撃を与えました（仲原　１９８２）。

県政時代

他方18世紀末から19世紀にかけて、琉球王国には欧米各国が次々と来航するようになり、激動の時代の幕が開けました。明治政府は1872（明治5）年に一方的に琉球藩を設置し、1879（明治12）年には廃藩置県を断行するに至り、琉球藩の廃止と沖縄県の設置が決定して、琉球王国に終止符が打たれました。

久米島でも、総地頭、脇地頭、在番といった役職が廃止され、久米島役所が設置されて、本土から役人、医師、警察官がやってきました。また1882（明治15）年には3つの小学校が誕生しています。ただし、諸制度は旧来のままで、住民の生活が大きく変わるといったことはなかったようです（仲原 1982）。

沖縄で、本土の地租改正にあたる土地整理が1899（明治32）年に始まり、1903（明治36）年に完了しました。それ以前は、大半の農民に土地の所有は認められておらず、地割制度のもとで一方的に割り当てられた土地を、次の割り当てまでの間に限り耕作し、生産した現物を納入していました。しかしこの土地整理によって、農民は土地を所有することが可能になり、その地価に応じた地租を納めるようになりました。この改革は少なくとも当初は、農民に税の軽減をもたらし、歓迎されたようです（仲原 1982）。

1908（明治41）年には、仲里間切は仲里村、具志川間切は具志川村と改名され、村制が施行されました。そうこうしている内に、日本は戦争の時代を迎え、久米島からも兵士が出征していきました。大正時代初頭はいわゆる戦争景気によって、織物や黒糖が高く売れたといいます。しかしそれが終息した大正時代末期以降は、農民の困窮が深刻化し、出稼ぎのために島を離れる若年層も増えていきました。第二次世界大戦も終盤になり、日本の敗戦が色濃くなった1944（昭和19）年から1945（昭和20）年にかけて、島の周辺海域における船への襲撃や空襲が相次ぐようになりました。沖縄本島のように陸上戦はなかったものの、日本海軍守備隊が、住民をスパイと誤解して虐殺するという悲惨な事件も起こりました（仲原　1982）。

コラム2　稲作行事

久米島ではかつて稲作が盛んだったために、その農事暦に合わせて様々な行事が行われてきました。なかでも重要なのが、旧暦の5月に稲の初穂を神に報告し豊作を祈願する稲穂祭「シツマ（ツマ）」と、6月に稲の収穫を祝い神に感謝する稲大祭「ウマチー」という儀礼です。それを執り行う中心的存在が、琉球王国時代以来の神女たちです。島内でその最高位にいるのが君南風で、その下には10名のノロと呼ばれる女性たちがいました。しかし現在ではノロの後継者が少なくなっていることもあって、「シツマ」や「ウマチー」に関しても、その地域の字の区長や婦人会などが代わって仕切る場合が増えています。（深山直子）

島の暮らし

深山直子

人口の変動

18世紀初頭に約9000人だったと推測される人口は、先述した通り18世紀末からの伝染病の流行によって減少し、廃藩置県がなされた1879（明治12）年には4360人にまで落ち込んでいました（仲原　1982）。その後、農業あるいは漁業を行うべく、主に沖縄の他地域から移住者が増えていきました。さらに1903（明治36）年に硫黄鳥島が噴火したため、その島から避難した住民が久米島に移住しました（具志川村史編集委員会編　1976）。その結果、1910（明治43）年には、人口は1万2884人を数えるまでに急増しました。その後、出稼ぎを目的とした島外への移住者が増えて人口が安定しない時期もあったようですが、終戦後には引き揚げ者によって、人口は1万6000、1万7000人ほどに膨れ上がったといいます（仲原　1982）。

1920（大正9）年から現代に至るまで、国勢調査における人口の推移は次のようになっています（図1－3）。

このグラフにおいて、最も人口が多いのは、1955（昭和30）年で、1万7167人を数えています。この辺りを境に、いわゆる離島の過疎化が進行し、人口は一転して減少傾向になりました。201

（単位：人、戸）

久米島町	総数	男	女	世帯数	1世帯当たり人数
大正 9年国調（1920年）	13,506	6,812	6,694	2,557	5.3
大正14年国調（1925年）	14,172	7,038	7,134	2,794	5.1
昭和 5年国調（1930年）	13,660	6,758	6,902	2,716	5.0
昭和10年国調（1935年）	14,069	6,936	7,133	2,688	5.2
昭和15年国調（1940年）	13,625	6,814	6,811	2,616	5.2
昭和25年国調(1950年)	16,609	8,092	8,517	3,018	5.5
昭和30年国調(1955年)	17,167	8,471	8,696	2,980	5.8
昭和35年国調(1960年)	15,372	7,628	7,744	2,908	5.3
昭和40年国調(1965年)	14,046	7,019	7,027	2,686	5.2
昭和45年国調(1970年)	11,364	5,565	5,799	2,503	4.5
昭和50年国調(1975年)	10,109	5,098	5,011	2,505	4.0
昭和55年国調(1980年)	10,187	5,232	4,955	2,793	3.6
昭和60年国調(1985年)	10,238	5,259	4,979	3,030	3.4
平成 2年国調(1990年)	10,309	5,308	5,001	3,134	3.3
平成 7年国調(1995年)	9,819	5,048	4,771	3,204	3.1
平成12年国調(2000年)	9,359	4,834	4,525	3,177	2.9
平成17年国調(2005年)	9,177	4,788	4,389	3,483	2.6
平成22年国調(2010年)	8,519	4,492	4,027	3,601	2.4

※両村合併（平成14年4月1日）以前のデータは、仲里村と具志川村を足したものである。
※昭和20年（1945年）に実施されるはずの調査は、太平洋戦争直後のため行われず、代わりに昭和22年（1947年）に臨時国勢調査が実施されたが、本資料のデータとしては掲載しない。
資料：「国勢調査報告」沖縄県統計課

図 1-3　久米島町人口の推移（国勢調査・沖縄県統計課資料）

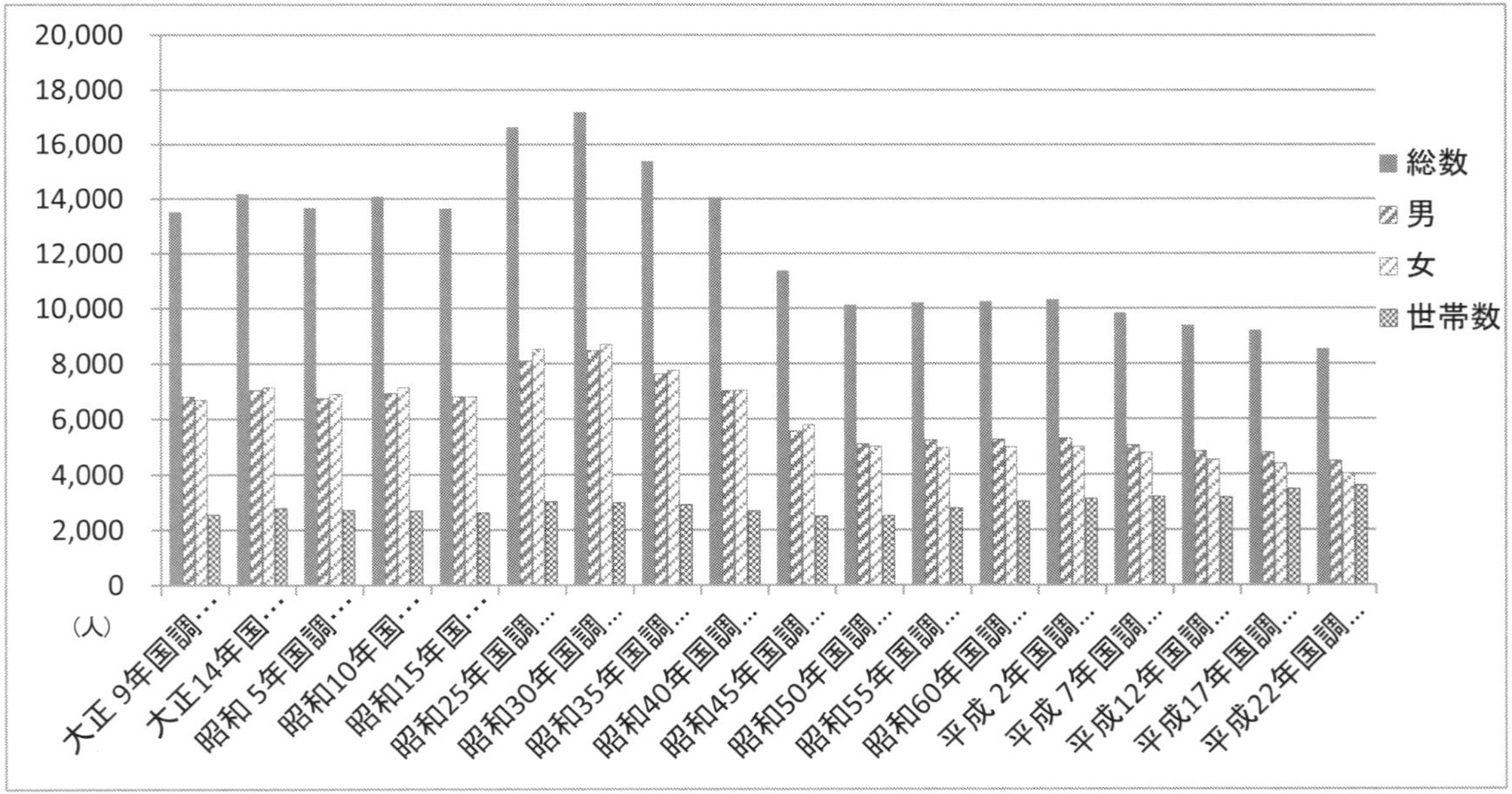

図 1-4　人口の推移（国勢調査）

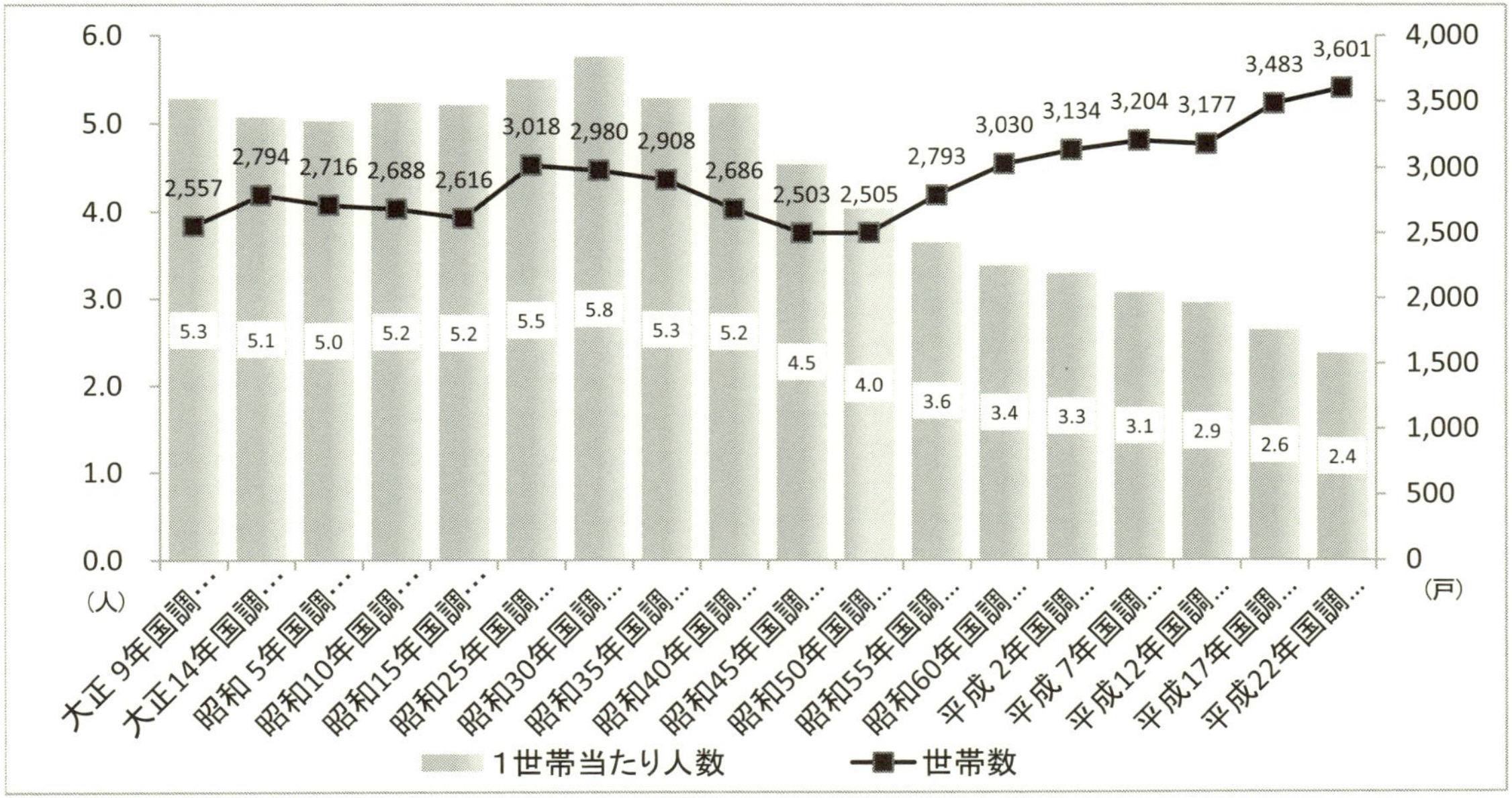

図 1-5　世帯数及び世帯人員の推移（国勢調査）

（図 1-3、4、5 は久米島町ホームページ上資料より抜粋。http://www.town.kumejima.okinawa.jp/townoutline/kume_that_numbers/pdf/population/transition_data/01.pdf）

4年1月時点で8398人、内訳は男4461人、女3937人、世帯数としては3954世帯となっています（久米島町ホームページ）。すなわち、約60年間で半減したことになります。

各字の来歴と特徴

仲里村と具志川村からなる2村体制は、村に先立って間切と呼ばれていた時代も含めると、300年を優に越えていることになります。全国各地での市町村合併が進行した2002（平成14）年に、この2村は合併し、久米島町が誕生しました（久米島町ホームページ）。

久米島町は現在、33の字から構成されています。この島の歴史や文化・社会を考える際に、最も注目すべき点の一つは、これらの字の大半が、長い時間のなかでしばしば移動し、場合によっては分離、統合、消滅などといった変化を経ているにしても、基本的には古来の集落に系譜を辿れることにあるでしょう。その一方で、相対的に新しい字もあります。大原、北原、銭田は、沖縄本島の那覇・首里その他各地、粟国島などからの農民を中心にして、真泊、東奥武、西奥武は本島の糸満、渡名喜島、粟国島などからの漁民を中心にして、明治時代前半に成立しました。また先述したように鳥島は、徳之島の西にある硫黄鳥島が1903（明治36）年に噴火したため、郡及び県の方針に従って久米島に移住した旧・硫黄鳥島住民によって形成されました（具志川村史編集委員会編　1976）。イーフは島で最も新しい字で、1970年代から観光開発が進んだところで、久米島町が誕生した際に独立しました。

各字では通常、青年会、婦人会、老人クラブといった年齢や性別を基準とした社会組織が形成されており、字の公民館を拠点に様々な活動を行っています。ただしその一方で、過疎化や高齢化を主たる理由に、従来の社会組織を維持することが難しくなってきていることも確かです。

とはいえ久米島ではなおも、字はしばしば「部落」と呼ばれながら、日常生活において自立性を伴う集団として、さらにはアイデンティティの源として、非常に重要な意味を有しているといえるでしょう。

第2章　人と自然のかかわり

土地利用と農業の変遷

深山直子

米

久米島各地で17世紀から18世紀に、大規模な水利施設の開発が進みました。それ以前は、稲作は雨水あるいはそれを源とする「山の汁」と呼ばれた湧水に頼らざるを得なかったわけですが、農業用水をある程度コントロールできるようになった結果、水田の造成が進んだと考えられます。1868（明治元）年の段階で、仲里・具志川両間切の耕作地の内、水田は全体の73％を占めていました（小川　1982）。

明治末から大正にかけて、土地整理によって農民に土地の所有が認められるようになり、また人口も増加していくなかで、さらに水田が拡大していきました。昭和に入ると、新しい品種や肥料が導入されることによって、米の生産量が急増していきます。例えば具志川村の米の生産高は、1913（大正

2）年は992石（1石は100升、180ℓ）、その10年後の1923（大正12）年は1116石、さらに10年後の1933（昭和8）年は2880石と20年間で約3倍にまで増加しています（具志川村史編集委員会編　1976）。戦後も、食糧需要の増加を背景に米の生産量は、1960（昭和35）年あたりまで、増加し続けたと考えられます（小川　1982）。

甘藷

さて、農民の間で雑穀・麦・米に代わる主食として広く普及したのが、甘藷です。沖縄への伝来は1605年だったといいますが、厳しい地理・気候的環境でも栽培しやすいことから、各地へと普及していきました。久米島では、18世紀の段階ではまだ大規模には栽培されていなかったようですが、19世紀の半ばには重要な主食かつ家畜の飼料として、盛んに栽培されていたようです。例えば具志川村では、明治末期から昭和初期にかけて、年におおよそ4200トンから5400トンの生産量があったといいます（具志川村史編集委員会編　1976）。

サトウキビ

沖縄では、15世紀には既に、サトウキビの栽培と製糖がみられたといいます（金城　1992〈1985〉、名嘉　2003）。17世紀初頭に琉球王国が薩摩藩に侵攻されて以降、サトウキビは換金作物として、各地で栽培されるようになりました。これを受けて、王府は1697年にサトウキビの作付け制限をしき、久米島を含む諸離島は作付け禁止地域になりました（金城　1992〈1985〉、名嘉　2003）。

久米島におけるサトウキビ栽培は、1881（明治14）年に具志川間切の地頭代・喜久里教宣が兼城《かねぐすく》で試作したことに始まると伝えられています（久米島西銘誌編集委員会編　2003）。1885（明治18）年には、具志川間切の大原と呼ばれる地域で、沖縄本島からの移住者らによって、サトウキビ栽培が本格的に始められました。彼らは、琉球王国が解体されて、廃藩置県が断行されるなかで農民にならざるを得なかった旧士族であり、県内最初の士族授産事業として明治政府から資金貸与を受けて、大原での開墾事業に着手しました（大原移住百周年記念事業実行委員会記念誌部会編　1986）。

1888（明治21）年にはサトウキビの作付け制限が正式に解除されたこともあって、次第に島内の他地域でも、サトウキビ栽培が広まっていきました。それに応じて、地域ごとに小規模な製糖工場が建てられ、サトウキビを圧搾して糖蜜を絞りだし、それを大鍋で煮詰めて含蜜糖である黒糖を製糖する作業が行われました（久米島製糖株式会社編　1980）。

昭和に入ると、大茎種という品種が導入されたことにより、サトウキビの生産量は一気に増加しました（久米島製糖株式会社編　1980）。製糖工場においては圧搾の動力の機械化が進み、製糖の生産量もまた増加しました。ところが、第二次世界大戦によって沖縄のほぼ全域においてサトウキビ畑や製糖工場は壊滅的な打撃を受け、戦後は食糧確保の必要からサトウキビ畑は甘藷畑に転換させられました。1950年代に入ると、ようやく糖業は回復の兆しを見せるようになり、製糖小屋が乱立するようになりました（池原　１９７９）。

　このような状況の下、他地域と同様に久米島でも１９５０年代末に、糖業を基幹産業として近代化するべく、含蜜糖を製糖する零細・多数の製糖工場に代わって、分蜜糖を製糖する大型工場を設立しようとする計画が持ち上がりました。この背景には、琉球政府による糖業振興策がありました。従来の製糖工場を営む農民の説得や工場建設地の選定などを巡って紆余曲折がありましたが、１９６０（昭和35）年に久米島製糖株式会社が設立されました。翌１９６１（昭和36）年末に字・儀間に工場が完成し、翌年から操業を開始しました。大型工場に見合った原料を確保するため、サトウキビ栽培が励行されたことによって、新しい畑の開拓や、米からサトウキビへの転換が進みました。

　１９６２（昭和37）年にキューバ危機によって、砂糖の供給が不足しその価格が高騰しました。その翌年には、原料糖の貿易自由化が実施されましたが、農家の不安とは裏腹に世界的なサトウキビの不作から、砂糖の価格は高止まりしました。ところが１９６４（昭和39）年には、やはり供給量の増加から価格が急落しました。にもかかわらず、沖縄では１９６２（昭和37）年、１９６３（昭和38）年と連続して干ばつに見舞われたこともあって、稲作が大打撃を受けて全域で水田からサトウキビ畑への転換がさらに進みました。

　しかしながら、サトウキビ価格低迷のダメージは大きく、沖縄全体としては１９６５年をピークにサトウキビ栽培面積は徐々に減少していきました（池原　１９７９）。他方久米島では、従来水田面積の割合が高かったこともあり、１９７０年から本格化した減反政策と１９７２年の沖縄本土復帰後に打ち出された糖業振興策を受けて、1970年代半ばからサトウキビ栽培面積が再び拡大していきました。そして1985年をピークに、過疎化や農業離れを受けて、再び減少傾向に転じています（久米島製糖株式会社編　2013）。

1960年代はいわゆる「サトウキビブーム」に並行して、「パインブーム」が起き、久米島でも栽培に適した傾斜地を中心にさかんにパインアップル栽培がおこなわれるようになり、1975年にピークを迎えました。従来にない農業の大変容を受けて、1960年代以降は、灌漑・排水施設と農地の整備を目指した土地改良もまた積極的に進められるようになります（沖縄県立博物館編　1996）。ところがパインアップル栽培については、海外産の安価なパインに押されて1980年代には下火になり、以降ほとんどみられなくなりました。久米島では現在、サトウキビの他に、花卉、葉タバコ、野菜が栽培され、また肉用牛の飼育もなされています。

コラム3　棚田

山があり水が豊かな久米島では、かつて米が盛んに作られていました。久米島という名前の由来は、ここにあるという説もあります。しかし現在では田んぼの大半はサトウキビ畑に姿を変え、わずかな棚田が字・仲地に残っているだけとなりました。そこでは地域住民が自家消費のために、大型機械を使わずにもち米を二期作しています。一枚一枚よく手入れされた小さな田んぼは、過ぎし日の久米島を思い起こさせる大切な風景です。（深山直子）

島にわずかに残る棚田

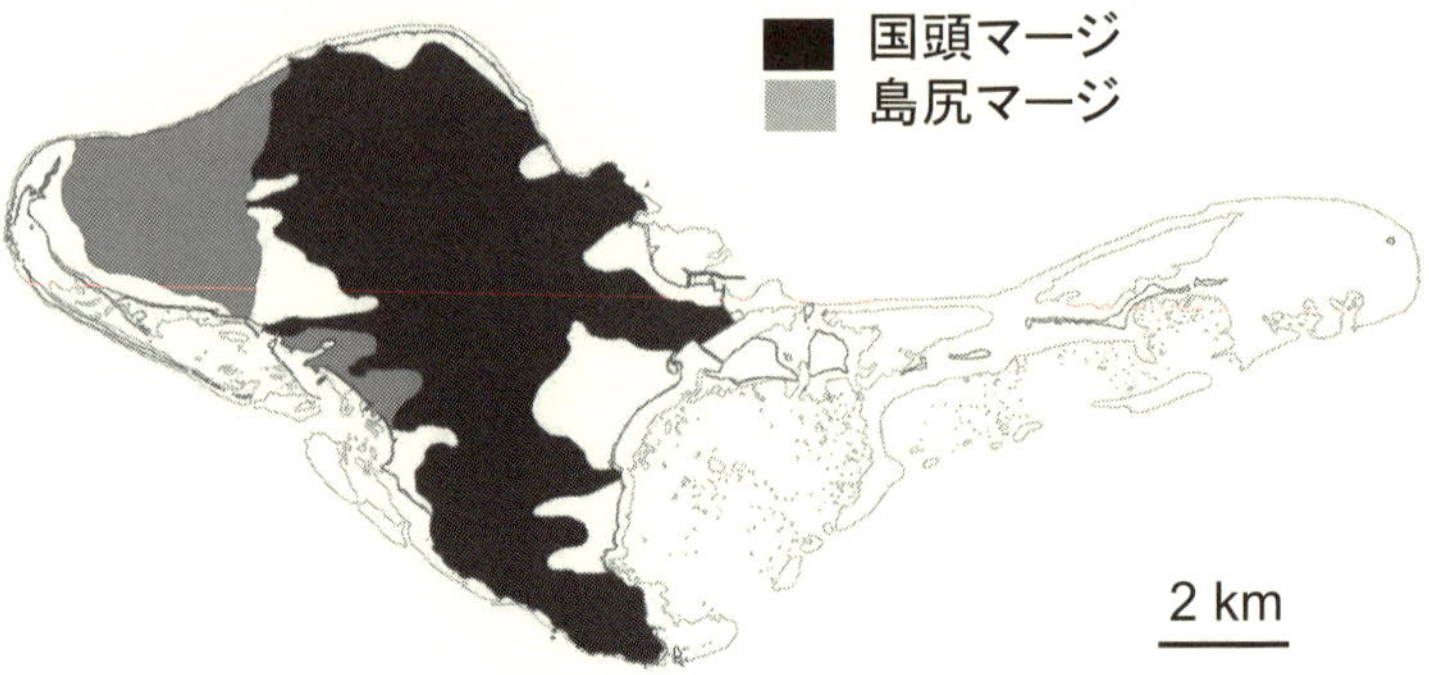

図２－１　久米島の土壌の分布

赤土問題の発生

山野博哉

沖縄の家々を彩る赤瓦、この赤瓦は、琉球列島に広く分布しているクチャと呼ばれる粘土質の土と国頭マージや島尻マージと呼ばれる赤土を混ぜて作られています。この赤土は、かつては石灰岩が風化してできたと考えられていました。しかし、１ｍの赤土ができるには１００ｍの厚さの石灰岩が風化することが必要で、石灰岩の風化だけでは現在の赤土の量を説明できないことが明らかとなり、今は中国大陸からの風成塵（黄砂）が長い間かけて堆積してできたものであるという考えが有力になってきています。

赤土には、大きく分けて酸性の国頭マージと中性〜アルカリ性の島尻マージがあります。サトウキビは国頭マージでも島尻マージでも育ちますが、パインアップルやシークヮーサーは酸性の国頭マージでしか育ちません。久米島では中央部に国頭マージが、西に島尻マージが分布しています（図２－１）。前の節で紹介したパインアップル栽培は国頭マージの分布する宇江城岳周辺で行われていました。久米島の島尻マージの色は特に赤く（口絵2ページ参照）、古くは首里城の建設にも使われていることが古文書に記されており、首里城の復元に久米島の赤土が使われました。

赤土は肥沃な土として農業に利用されてきましたが、現在はこの赤土が流出して川や海に流れ込む赤土流出が琉球列島では大きな問題となっています。赤土が流れ込むと、川や海の生き物が生息地を破壊されたり窒息したりして死んでしまうのです。サンゴが赤土流出で死滅してしまっているというのをニュースなどで耳にする機会が多いのではないでしょうか。沖縄県衛生環境研究所では、河川や海底に堆積している赤土の量を簡便に測定する方法（SPSS、コラム7参照）を開発し、各地のサンゴの状況とそこに堆積している赤土の量を調べました。その結果、堆積物1㎥あたり30kgを超える量の赤土が混じると、その海域では健全なサンゴ礁が失われてしまうことが明らかになりました（図2－2）。沖縄県では赤土流出の監視海域を設け、そこで1年に1回サンゴの状況をモニタリングしています。その結果を解析すると、赤土が流れ込む海域では、白化現象などでいったんサンゴが減ってしまうとその後サンゴの回復が見られないことも明らかになっています。

赤土はどこからなぜ流出するのでしょうか。かつての赤土流出には沖縄の本土復帰が大きく関わっていました。沖縄が1972年に日本に復帰した後、大規模な土地改良工事が行われました。この工事によって、赤土が大量に流出したのです。1974年には、沖縄本島の海岸の多くが赤土で染まりました。1980年代も赤土の流出は止まらず、こうした状況を受けて、沖縄県は1995年10月に「沖縄県赤

SPSS		底質状況、その他参考事項
ランク	量 (kg/m^3)	
1	0.4未満	定量限界以下。きわめてきれい。 白砂がひろがり生物活動はあまり見られない。
2	0.4以上1未満	水中で砂をかき混ぜても懸濁物質の舞い上がりを確認しにくい。 白砂がひろがり生物活動はあまり見られない。
3	1以上5未満	水中で砂をかき混ぜると懸濁物質の舞い上がりが確認できる。 生き生きとしたサンゴ礁生態系が見られる。
4	5以上10未満	見た目ではわからないが、水中で砂をかき混ぜると懸濁物質で海が濁る。 生き生きとしたサンゴ礁生態系が見られる。透明度良好。
5a	10以上30未満	注意して見ると底質表層に懸濁物質の存在がわかる。 生き生きとしたサンゴ礁生態系のSPSS上限ランク。
5b	30以上50未満	底質表層にホコリ状の懸濁物質がかぶさる。 透明度が悪くなりサンゴ被度に悪影響が出始める。
6	50以上200未満	一見して赤土等の堆積がわかる。底質撹拌で赤土等が色濃く懸濁。 ランク6以上は、明らかに人為的な赤土等の流出による汚染があると判断。
7	200以上400未満	干潟では靴底の模様がくっきり。赤土等の堆積が著しいがまだ砂を確認できる。 樹枝状ミドリイシ類の大きな群体は見られず、塊状サンゴの出現割合増加。
8	400以上	立つと足がめり込む。見た目は泥そのもので砂を確認できない。 赤土汚染耐性のある塊状サンゴが沙漠のサボテンのように点在。

図2−2. 赤土ランクとサンゴ分布の関係（沖縄県衛生環境研究所）

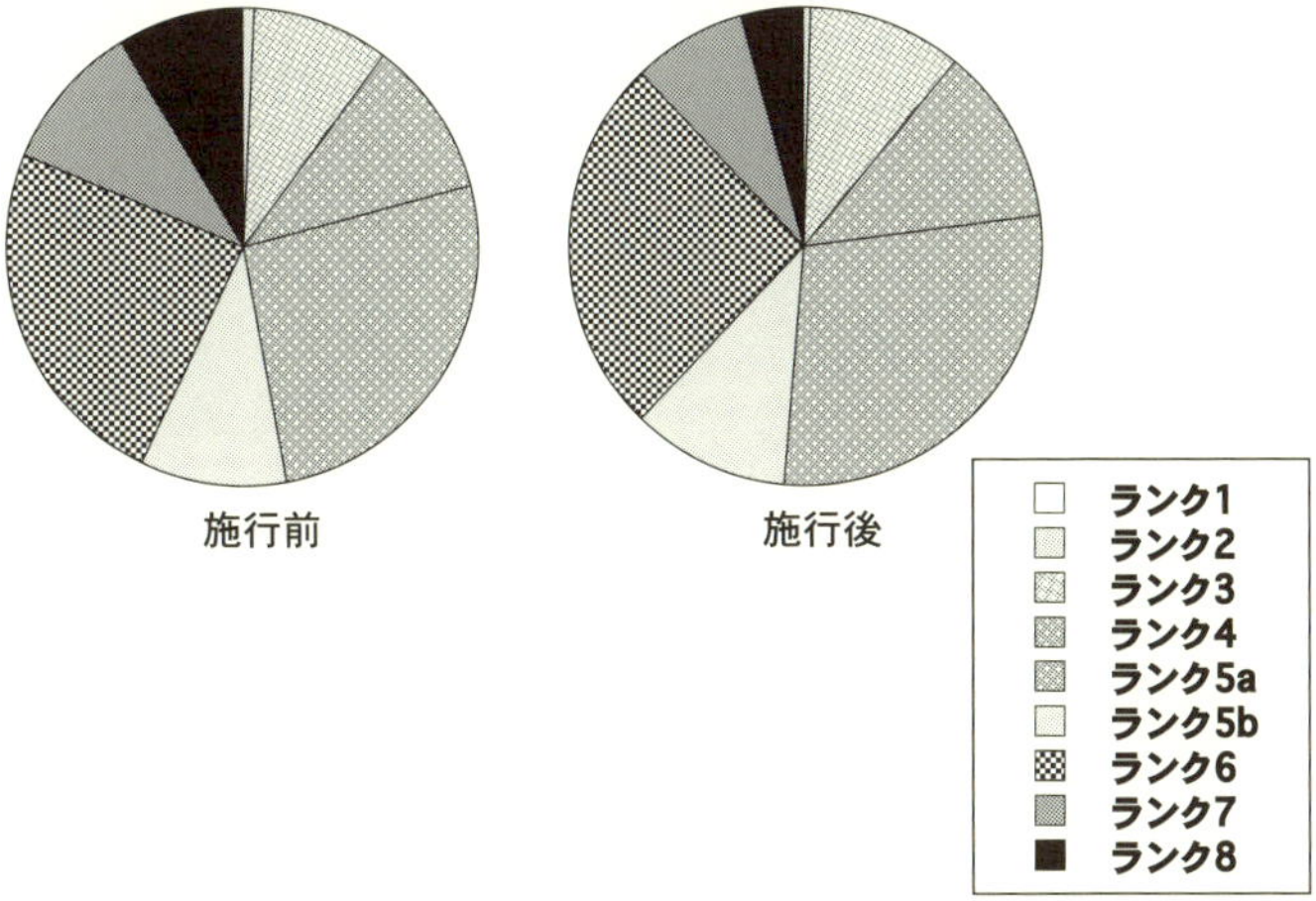

図2－3　赤土条例施行前後での海底の赤土ランクの割合の変化

土等流出防止条例」（赤土条例）を施行し、工事現場からの赤土流出を厳しく規制するようになりました。この条例は大変効果的で、今では工事現場からの赤土流出はほとんど見られなくなり、一定の効果を挙げたと考えられています（図2－3）。

現在の赤土の大きな流出源の一つは、農地です。現在、農地の多くはサトウキビが栽培されています。サトウキビの収穫は毎年冬（1月～3月）に行われ、刈り取られたサトウキビは各島にある製糖工場に集められそこで粗糖に加工されます。収穫の後のサトウキビの栽培方法には、切った切り株から芽を出す「株出し」、苗を春に植える「春植え」、苗を夏に植える「夏植え」の3つがあります（図2－4）。夏植えの場合は、冬を越して、次の年の冬に収穫を行います。これらの植え方のうち、夏植えの場合は、春から夏にかけて農地が裸地になります。この時期はちょうど琉球列島の梅雨や台風の時期と重なっており、夏植えの畑からの大きな流出が見られます。春植えの場合でも、苗を植えてからしばらくの間は裸地に近い状態なので、流出源となりえます。一方、株出しの場合は農地が裸地にならないので、赤土の流出は少ないのです。

パインアップル畑も大きな流出源です。パインアップルの標準的な栽培期間は4年で、果実を2回収穫後に畑の更新を行いますが、その際にブルドーザーなどで古株を表土と一緒に剥いでそのまま谷間や低地に押し込むことがあり、そうなると大量の赤土が流出します。また、パインアップル畑は斜面に作られていることが多く、育つまで時間がかかり裸地の部分が多いことも赤土流出の原因です。年間に1ヘクタールあたりパインアップル畑では23・0トン、サトウキビ畑では夏植えの場合6・7トン、春植え5・0トン、株出し1・7トンの赤土が流出していると見積もられています（比嘉ほか　1995）。

農地からの赤土流出防止のために、これまでさまざまな対策が考えられ行われてきました（図2－5）。一つ目は、土木対策で、農地の勾配を無くすことにより赤土の流出を減らす、沈砂池を設置して赤土をそこに集め川に流出しないようにするなどが挙げられます。これらの方法は効果的ではありますが、すべての畑に行うと莫大な費用がかかります。また、沈砂池の場合はたまった赤土をかき出して畑に戻すメンテナンスが必要です。二つ目は営農対策です。これは、サトウキビの作付けを変えたり、農地に赤土流出防止のための設備を設置したりするものです。ただし、作付けに関しては、赤土流出の大きい夏植えをやめればよいという単純な話ではありません。琉球列島では夏の台風による暴風雨が農作物に大きな被害を与えることがあり、春植えや夏植えなどいくつかの植え方を組み合わせることによっ

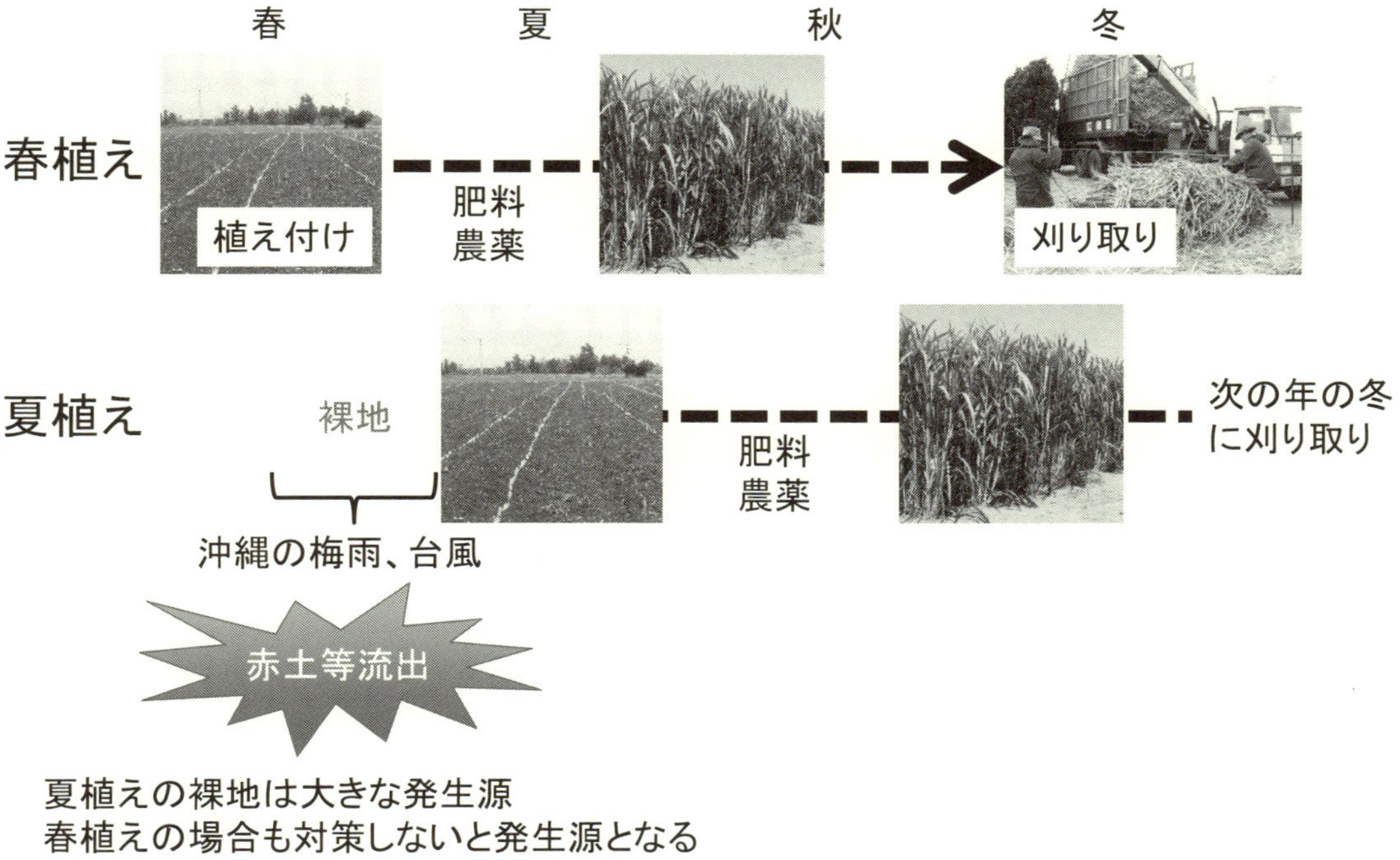

図２－４　サトウキビ畑からの赤土流出の発生の原因

て、台風による被害を受けるリスクを分散させているからです。流出防止の設備としては、畑の周囲に足場板を設置したり植生を植えたりして赤土流出を止めること、裸地の状態を無くすためにひまわりやマメ科の植物を緑肥として植えることが考えられていますが、いずれも手間がかかるのが難点です。

赤土条例では、工事現場からの赤土流出には罰則規定がありますが、農地からの流出に関しては罰則は無く、農家の努力に任されている状態です。土木的対策をすべてに行うのが困難である以上、営農対策が求められますが、上に述べたように対策にはそれぞれに課題があり、農家だけでなく行政も一体となってそれらを解決する仕組みが必要です。

久米島では、かつては山すそに棚田が広がっていましたが、前節で述べたように、糖業振興策、干ばつ、パインアップルブームとその衰退、復帰後の土地改良事業などを経て、現在は農地の区画は整理され、ほとんどがサトウキビ畑となっています。しかし、島の中心に山があるので斜面にあるサトウキビ畑が多く、裸地の多いサトウキビ畑からは雨が降ると赤土が流れ出し、川や海に流れ込んでクメジマボタルやサンゴの生息を脅かしています（口絵3ページ参照）。クメジマボタルがどのぐらいいるかは、夜にクメジマボタルが光を発する回数（明滅数）で調べることができます。２００２〜２００４年には赤土流出が激しく、明滅はほとんど見られませんでした。２００６年に久米島ホタルの会が湿地を再生してクメジマボタルの保全を開始し、明滅数は増えました。しかし２００７年に再び赤土流出が増大し、明滅数は大幅に減少してしまいました（佐藤　２００８）。クメジマボタルだけでなく、川や海の生物すべてに赤土は悪影響を与えていると考えられます。高い生物多様性や種固有性を持つ久米島の生物は、

農地の赤土等流出防止対策

農地における防止対策の事例

農地では、土地を耕す時期や農作物の収穫後に土壌がむき出しになるため、そこから赤土等の流出がおこります。そのため、継続的な防止対策の実施が必要になります。

濁水の発生の抑制 ―濁水が発生する状況をできるだけ少なくする対策―

マルチング：刈ったキビの葉などを畑の裸地部に敷き詰めて赤土等の流出を防止する。

グリーンベルト：畑の周りにゲットウなどの植物を植え、赤土等の流出を防止する。

緑肥《りょくひ》(畑面植生)：農作物を植えない時期の畑地（休耕地）にクロタラリアやひまわりなどの植物を植えて畑の裸地化を防ぐ。

畦畔《けいはん》：畑地と畑地の間にサトウキビの葉などをまとめたものを並べて置き、赤土等の流出を防止する。

マルチング

畑の傾斜修正：畑の傾斜をゆるやかにすることで、水の流れを弱め、赤土等の流出を防止する。

沈砂池：畑地から流れ出した濁水を一箇所(沈砂池)に集め、赤土等を池の底に沈めて(沈殿)から排水する。

排水路：畑周辺からの水を畑に入れないための水路および畑からの濁水を集めるための水路を設置する。

グリーンベルト(ゲットウ)

緑肥《りょくひ》(畑面植生)

畦畔《けいはん》

畑の傾斜修正

沈砂池

排水路

赤土等流出防止対策地域協議会 ―地域主導による取り組み―

農地を含めた総合的な対策の一環として、地域と関係団体及び行政とが一体となった「地域協議会」を設置し、赤土等の流出防止対策の啓発、普及や支援のためのいろいろな活動を行っています。

なぜ、赤土等の流出が起こるのか
赤土等の流出による影響
赤土等の流出の歴史
赤土等流出防止条例の概要
開発事業の赤土等流出防止対策
農地の赤土等流出防止対策
条例施行後の赤土等流出状況
課題
現在の取り組み
資料編
11

図２－５　赤土流出防止対策の例（沖縄県「沖縄県の赤土流出について」より）

赤土の流出に脅かされていました。

久米島では、１９９５年の沖縄県による赤土等流出防止条例の施行以前の１９９４年に久米島ホタルの会が設立され、環境教育や保全活動を行っていました。さらに、２０００年に久米島町が久米島ホタル館を開館、２００８年にラムサール条約への登録と、環境省・沖縄県・久米島町によるキクザトサワヘビ保護活動、２０１０年に地元の事業者が中心となって久米島の海を守る会を設立するなど、環境保全活動の気運がさらに高まっていました。

コラム4　土壌流出防止対策の具体的手法

南西諸島の土壌の大部分は、国頭マージと呼ばれる赤黄色の土壌（赤土）が占めており、その他にジャーガルや島尻マージといった土壌が分布しています。これらの土壌は共通して粒子が細かく、崩れやすい性質があります。降雨時の裸地状態の畑では、表土が流出しやすく、いったん川や海に流出してしまった土砂を取り除くことは困難となります。そのため畑での土壌流出防止対策（発生源対策）は非常に重要です。

流出防止対策には様々な方法がありますが、まず思いつく方法として、板やブロックを畑の周囲に壁状に設置し、流出を防止する「畦畔」という方法が挙げられます。久米島では木板の塀が、畑の周囲に設置されているのが多く見られ、地元では足場板と呼ばれています。このほか、成長が早く雑草化の恐れの低い植物を畑の周囲にベルト状に植え付ける「グリーンベルト」、刈り取ったサトウキビの葉や枯れ葉を裸地に敷き詰める「マルチング」や、次の植え付け期まで一時的にマメ科植物などを播種し繁茂させ、裸地化を防ぐ「緑肥」、その他にも「勾配修正」や「沈砂池」など土木工事を伴う対策を含め多くの方法があります。

どの流出防止対策にも一長一短があるため、実際には複数の対策を講じる必要があります。また農家の方の労力やコストがかからず、対策することで土壌が肥え、収量が上がったり、二次作物として利益が生まれるなどの副次的効果がもたらされることが、対策が進むためには必要です。

（金城孝一・仲宗根一哉）

足場板

グリーンベルト

コラム5　サトウキビの栽培方法

琉球列島におけるサトウキビは、全耕地面積の約半数を占めるなど、地域経済を支える基幹作物となっています。そのサトウキビの栽培方法には、「夏植え」、「春植え」、「株出し」があり、植え付け時期や生育期間などに違いがあります。

「夏植え」は、7月から8月ごろに植え付け、翌々年の1月から3月ごろに収穫、生育期間はおよそ1年半になる栽培方法です。収穫から次の植え付けまでの間、雨の多い梅雨時期（5月から6月）に畑が裸地状態になるため、他の植物を繁茂させ裸地期間を無くすなどの赤土流出防止対策が必要です。

「春植え」は、2月から3月ごろに植え付け、翌年の2月から3月ごろに収穫、生育期間はおよそ1年の栽培方法です。梅雨時期は成長途中なので畑の被覆率が低くなるため、マルチングなどの赤土流出防止対策が必要です。また、収穫後すぐに植え付け準備になるため、他の栽培方法にくらべ春先は忙しくなります。

「株出し」は、収穫後の残った株から発芽させ、翌年の2月から3月ごろに収穫、生育期間はおよそ1年の栽培方法です。この方法は、地力の低下による収量の減少を避けるため、3から4回程度続けた後、再び苗を夏植えすることが多いようです。また、新たな植え付け作業が無いため、労働力が軽減できます。さらに裸地期間がほとんどないため、他の栽培方法に比べて、赤土流出も大幅に削減できます。（金城孝一・仲宗根一哉）

植え付け直後のサトウキビ畑の様子

株出しのサトウキビ畑

第3章 「久米島応援プロジェクト」とは

権田雅之・安村茂樹

南西諸島（鹿児島県と沖縄県に属する、九州南端から台湾との間に連なる島々）はアマミノクロウサギやイリオモテヤマネコをはじめとする、ほかでは見ることのできない生物や、世界的にも類まれな自然が残る地域です。そのうちのいくつかの島や地域は２０１４年現在、世界自然遺産の登録に向け、候補地に挙げられています。一方で、外来種の繁殖による生態系への影響や保護区の設定・管理などの保全体制が十分でないなどの理由から、登録の見通しは決して明るいとは言えない状況にあります。この地域ならではの美しいサンゴ礁をはじめとした海の環境も、沖縄振興開発や米軍基地建設に関連した大規模な埋め立て計画があり、陸では林道の敷設、農業や観光施設による造成開発など、問題は山積しています。またこれらの開発計画へは、それに反対する地元の環境保護や平和運動といった市民活動が行われています。

ＷＷＦジャパンは、２０００年に石垣島の海域に残されたアオサンゴをはじめとしたサンゴ礁生態系の保護・研究を目的に、ＷＷＦサンゴ礁保護研究センターを石垣島の白保集落に設立しました。設立からこれまでの間、南西諸島の自然環境の保全をすすめるため、地域の人たちと保全に取り組み、また行政への働きかけを通じて、より広域に保全型コミュニティが展開しそれを支える施策が実施されることを目指してきました。さらに、さまざまな動物分類群ごとの評価をまとめ、南西諸島全域の生物多様性を検証した「南西諸島生物多様性評価プロジェクト」を実施。これにより、保全優先度の高い地域を選定しました。この情報を基に、生物多様性に富む重要地域として評価された地域で、かつ、農地からの赤土の流出による海域生態系への影響が考えられる場所で、専門家らの科学的な調査がすでに展開され連携が図れるなどの理由から、保全プロジェクトの対象地に久米島を選びました。

久米島は、南西諸島最大の島である沖縄本島の那覇から西へおよそ１００㎞離れた離島で、島内では数多くの固有種が生息しており、国際的な保護対象となっているウミガメの産卵地としても重要な場所です。宇江城岳をはじめとした美しい山や、ラムサール条約にも登録されている渓流があります。この地形のおかげで、南西諸島でも有数の水の豊富な離島となっており、古来よりコメ作りが盛んに行われてきました。我々の保全プロジェクトでは、沿岸の生態系への影響要因の一つである農地からの赤土などの土砂流出の問題をとりあげ、地域の保全活動と連携、支援することで長期的な保全目標値の達成を目指しました。そこで、プロジェクトメンバーによる自然環境の科学的な調査と、保全活動の手法の策定や達成目標値の設定のほか、地域にとってかけがえのない自然の価値を再評価し、普及・教育活動を行うことなどが必要と考えられました。

プロジェクトは、三井物産環境基金の助成を受け、2012年までの3年の期間で実施することになりました。このため、久米島での保全活動の継続した取り組みは、地元の住民がその担い手となること、環境保全団体、農業関係者、行政関係者らが連携することが必要でした。また、島では自然環境の保全や普及活動に取り組む団体は存在するものの、それらの多くは人的、資金的に十分とは言えない状態で、外部からの支援協力の余地が考えられました。

プロジェクトはさまざまな専門性を持つ混合編成チームによる地元への働きかけとなるため、地域の分析から着手して、保全活動を将来的に担う住民組織の選定と目標の共有、活動の実施と地元関係者との協働体制づくり、これらの活動の島内外への発信といった作業が想定されました。そこで、既存の久米島地域研究のデータ、地域の自然環境や赤土問題を科学的に分析する技術、環境教育や地元広報活動を行うノウハウなどが、必要となります。これらに該当する担当メンバーが決まったあと、プロジェクトを実施するうえで、島内のどの地域を対象地区にすべきか調査し、地元の活動主体となる組織と、どのような対策を段階的に進めるべきか、さらに我々が持っているスキルで、まず実施すべき調査や準備作業は何かなど、メンバー間での検討会合を繰り返しました。

最終的なプロジェクトの目標は、地元住民が、その自然環境を守り、持続的に活用することで地域が潤う、コミュニティモデルの確立であり、南西諸島という広い地域への保全展開の足掛かりとして、この久米島のモデルを成功させ波及させることです。そのために、地元に生まれ今後も暮らし続ける人びとが連携して保全にかかわる、という方針のもと、個々のメンバーのスキルを生かした具体的な活動を練り上げていきました。このプロジェクトでは、WWFのほか、以下の組織がかかわりました。

国立環境研究所は、環境省の委託を受けてサンゴ礁分布図を作成し、サンゴ礁保全のための基礎データを蓄積していました。また同研究所では沖縄県衛生環境研究所とともに、地球温暖化や赤土などの流出といった地域的要因がサンゴ礁に与える影響について、すでに久米島を対象に共同研究を行っていたという背景もあり、今回、プロジェクトに参加するにあたって、国の研究機関として、地域や環境情報を研究対象にし、その活動の成果を地域に還元することにより、市民と研究者の連携を目指しました。研究所は久米島での汚濁物質のモニタリング、海水中の粒子の挙動などに関する研究に取り組んできましたが、これらの調査やその結果を自然環境の保全に結びつけるまでには至っておらず、今回のプロジェクトを通じて地域の保全に具体的につながる取り組みを目指しました。

さらにプロジェクトの企画段階で、久米島町の施設である久米島ホタル館で子どもたち向けに行っていたプログラムに対して、地域の環境教育活動と赤土流出対策活動を組み合わせたプログラムを提案し、協働して実施するよう、研究所の環境教育担当メンバーが取り組むこととしました。

沖縄県衛生環境研究所は、沖縄県の研究機関として、県内で土木・農林水産業関係者を対象にした赤土等流出防止講習会などを実施しています。このほか、県民の健康と生活環境を守るため、保健衛生や環境保全に関する科学的調査・研究にも取り組んでいます。亜熱帯島嶼域を含む南西諸島において、陸の農地からの赤土など土砂が流域や沿岸にひろがり、生態系へ影響を及ぼすことによる環境負荷は深刻であり、長年、調査研究を行っている専門機関としてプロジェクトに参加協力することとなりました。

今回担当した役割は主に、県内でも特に生態系への影響が懸念される久米島の赤土流出問題に対して、対策を強化する必要があるとの認識から、他に先駆けた保全モデル事例を構築することを目指しました。

さらに自然科学に関する専門家として、前述のＷＷＦの南西諸島生物多様性評価プロジェクトで陸域から陸水域、沿岸域で生物調査に加わった、ＮＰＯ法人海の自然史研究所のメンバーもプロジェクトに加わりました。ＮＰＯ法人海の自然史研究所は、カリフォルニア大学で開発された海洋科学教育のプログラム「ＭＡＲＥ」の国内導入を行い、このプログラムを基に独自に開発した環境教育プロジェクトを各地で実践しています。この環境教育プロジェクトは「この先、海です。」という名称で、道路側溝や排水溝から海に流出するゴミや汚水などを未然に防ぐため、路面への警告表示のペインティングを行う活動を通して、子どもたちだけでなく、地域をまきこんだ環境教育効果を狙う、ユニークな取り組みです。このＮＰＯの代表メンバーは、琉球大学に所属する研究者で、甲殻類の研究知見を活かした環境保全にかかわってきました。しかしこれまでの経験から、１団体での活動に限界を感じており、複数の業種や組織で取り組む今回のプロジェクトに期待して参加しました。

沖縄県を中心に南西諸島の広い地域で、環境調査や水質などの分析を行う沖縄県環境科学センターは、亜熱帯総合研究所委託事業として沖縄県内で大発生したオニヒトデの生活史に関する基礎調査研究や、沖縄県自然保護課によるサンゴ礁保全対策支援事業にかかわってきました。

このセンターは、ほかにも港湾や農地における自然環境の保全コンサルティングの業務実績があり、沖縄県が立ち上げたサンゴ礁の保全ネットワークである、サンゴ礁保全推進協議会の運営にも携わるなど、県内のさまざまな自然保護団体や行政担当者との交流もあります。

また、沖縄県から遠く離れた首都圏に事務所を置く自然環境研究センターは、環境省事業で2003年度より日本国内の生態系をモニタリングする、重要生態系監視地域モニタリング推進事業にかかわっています。この事業において、国内のサンゴ礁調査や、保全方針を定めるサンゴ礁保全行動計画策定業務、国外ではアジア・オセアニア重要サンゴ礁ネットワーク構築業務などを行っており、前述の沖縄県環境科学センターと同様に、県内での現場調査にかかわっています。

これら2つのセンターは、調査などの業務を通じて、数多くの現場の知見を有しており、そのネットワークを生かして、プロジェクトの広報や情報配信業務を担当するよう参加しました。

特定の地域に働きかけるプロジェクトでは、住民に活動の目的、進行状況、結果を、わかりやすく継続的に伝える必要があります。地域の保全活動に、広告業に携わるスタッフが参加することはまれだと思われますが、効果的なPRやそのためのノウハウが必要ということから、広告代理店社員もボランティアとしてメンバーに加わることになりました。

また地域のコミュニティへの働きかけを行う場合、社会的・文化的背景を踏まえる必要があります。以前から久米島で調査を行ってきた文化人類学の研究者も参加し、基礎的な地域社会の調査・分析に貢献することとなりました。

環境保全活動プロジェクトの傾向として、自然環境に関する知識や保全のスキルが重視されがちですが、地域のコミュニティと自然環境との関わり合いを指標とし、自立的に取り組むよう応援するためには、多様な視点が必要です。地域の文化や社会を理解し、プロジェクトの一つ一つの活動に対して、その情報を共有し、プロジェクトメンバーがお互いの意見を交わしたり、アドバイスし合う体制を作りました。

このようにさまざまな分野の専門家や組織が参加して、久米島応援プロジェクトが構成されました。赤土流出対策を進めるには、島外からの活動体が短期間で目的を達成することは非常に困難であり、多くの知識とアイデアを基にしながら、工夫して地域コミュニティに働きかけることが重要です。メンバーが、それぞれの得意分野を活かして、関係する地元の住民組織と連携することで、その総体が久米島への効果的な保全や成果に結び付くと考えました。

プロジェクト立ち上げ段階から中盤にかけて、地元の誰とどう協力していくかの人選に始まり地元団体との方向性の違いから当初予定した連携方針を見直すなど、紆余曲折がありました。その過程で、プロジェクトメンバーによる活動を島内に普及させ、島内にかかわっていく「足掛かり」を築く工程に、多くの時間を割いて取り組みましたが、常に心がけたことは、活動や方針を地域と共有し、一方的でないコミュニケーションを図ることで、島内の横のつながりを構築することでした。プロジェクトに地元の人たちが参加し、自然環境を守り、残していこうとするコミュニティづくりにつなげ、保全活動の将来的な担い手が継続して取り組む体制の構築こそが、このプロジェクトの最終ゴールだからです。

コラム6　パンダのマークのＷＷＦ

久米島応援プロジェクトの取りまとめ役であるＷＷＦジャパンは、パンダのマークでおなじみのＷＷＦ（世界自然保護基金）の日本オフィスとして1971年に東京に拠点を設け、活動を開始しました。さかのぼること10年前の1961年に、スイスで初めてのＷＷＦの組織が設立されました。現在では世界100か国を超える国々で活動する世界最大の国際的環境保全団体です。

　ＷＷＦが設立された1960年代当初は、ジャイアントパンダやマウンテンゴリラなど、絶滅の危機にある野生動物の保護活動が中心でしたが、次第にそれら野生動物の生息する環境の保全へと活動範囲が広がりました。ＷＷＦジャパンでは、南西諸島のサンゴ礁の生態系の調査と保全をすすめるため、2000年に石垣島の白保集落にＷＷＦサンゴ礁保護研究センターを設置し、地域の方々と保全活動に取り組んでいます。南西諸島ではこの地域の代表的かつ重要な環境を有する地域を選び、優先的に保全する取り組みをすすめています。（権田雅之）

希少動物であるパンダをシンボルにしたＷＷＦのロゴマーク（画像　ＷＷＦジャパン）

第4章　地域を知る

久米島で何が起こっているのか、地域を知るために、久米島の赤土流出とそれをもたらした要因である土地利用の変化を復元しました。実際の調査の際には、久米島の中から儀間川流域をモデル地域に定めました（図4－1）。儀間川の流域全体とともに、土地改良がされた小流域において密な調査を行いました。生物調査に関しては、儀間川だけでなく過去のデータがある白瀬川や、儀間川と比較して赤土流出の少ないスハラ川も対象としました。

儀間川は、その源をフサキナ岳（標高219・9m）に発し、フサキナ池、比嘉池、儀間池を流下して儀間集落に出て東シナ海に注ぐ、河川長5・5㎞、流域面積5・7㎢の二級河川です。儀間川の山田橋から河口までの下流域は、サトウキビ畑を中心とする農地と集落が広がっています。白瀬川は、その源を宇江城岳とそれに連なる台地に発し、河川長5・3㎞、流域面積7・36㎢で、上流域には巨大な2つのダム（白瀬1号ダム、白瀬2号ダム）があります。白瀬川の源流域は東西に分かれ、西側（白瀬2号ダム源流域）の広い範囲が久米島県立自然公園第1種特別地域およびキクザトサワヘビ生息地保護区

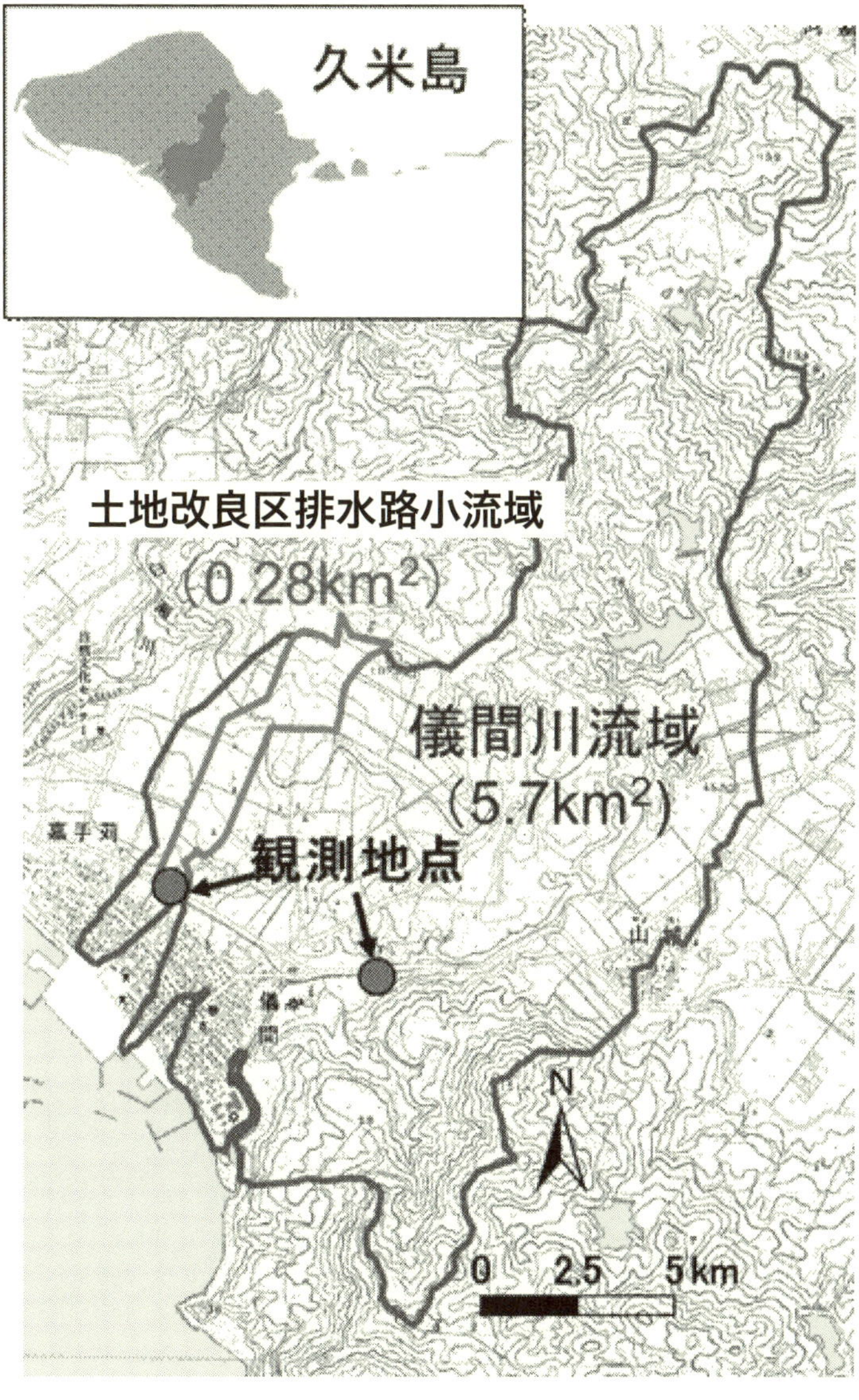

図4－1　調査対象流域

管理地区に指定されており、一帯の森林開発は厳しく規制されています。しかし、それ以外の源流域は近年開発が進み、急傾斜の山地を削って牧草地やサトウキビ畑等の造成が行われています。流域の一部では土地改良が行われ、川が直線化されました。

久米島の台地および丘陵地には国頭マージと呼ばれる受食性の強い赤色系酸性土壌が広く分布しており、白瀬川上流に設けられた巨大な2つのダムには、大雨の度に傾斜地の開発地域から流れ出した赤土と土砂が大量に堆積し始めています（佐藤　2008）。儀間川の山田橋から下流では河川の両側はブロック積みの護岸で干潮域となっています。まとまった降雨があると、流域の農地、特に支流が流れる嘉手苅《かでかる》および儀間の土地改良区から赤土が流出し、川を赤く濁らせています。白瀬川、儀間川ともに農地からの赤土流出に伴う汚濁負荷の影響を強く受けています。

赤土流出の歴史

山野博哉・深山直子

赤土の堆積に関して一番古いデータは、1976年に沖縄県環境保健部自然保護課により調べられた海岸での赤土の堆積状況です。その後、1990年代に沖縄県衛生環境研究所により1976年の調査地点を含む多数の地点で調査が行われました。この調査では、同研究所が開発したSPSS法（本章コラム7参照）が用いられており、赤土堆積量がわかります。1976年の調査データに関しては、報告書に記載された情報に基づいて赤土堆積量を推定しました（図4－2）。

久米島では、1962年から現在まで数時期にわたって航空機による写真撮影が行われています。また、1976年からは国土庁（現、国土交通省）によって一〇〇m四方のメッシュでの土地利用図（国土数値情報）が作成されています。これらのデータは、過去から現在にかけて、土地利用の変化を記録している貴重なものです。水田と畑の区別は空中写真を見ると判別は比較的容易なのですが、畑に何が植えられていたかは、空中写真からだけではわかりにくい場合があります。そのため、2011年2月に久米島の各字で行われている老人会へ聞き取り調査を行い、過去にどんな作物が育てられていたかを教えていただきました。空中写真の判読と聞き取りの結果に基づいて1962年の土地利用を復元し、1976年以降の国土数値情報の情報を更新して土地利用の変化を明らかにしました（図4－2）。

1972年の沖縄復帰後、沖縄本島では大規模な土地改良工事が行われるようになりました。しかし、久米島では1976年段階ではまだ大規模な工事は行われておらず、赤土の流出はまだ起こっていないことがわかります。

第2章に記された農作物の変化と聞き取り結果を考慮すると、戦前戦後～1960年代までは稲作と甘藷栽培が盛んであり、サトウキビへの転換は1960年代ごろから始まり、1970年代になるとサトウキビのほぼ単作状態となったことが明らかとなりました。宇江城岳においては、1960～1970年代にかけてパインアップル栽培が盛んとなりました。甘藷は連作されており裸地となる期間は短かったと推測され、さらに稲作が斜面及び川岸で行われていました。これらを総合すると、この時期に赤土が少なかった理由としては、パインアップル畑からの流出はあったものの山地の谷を埋めるにとどま

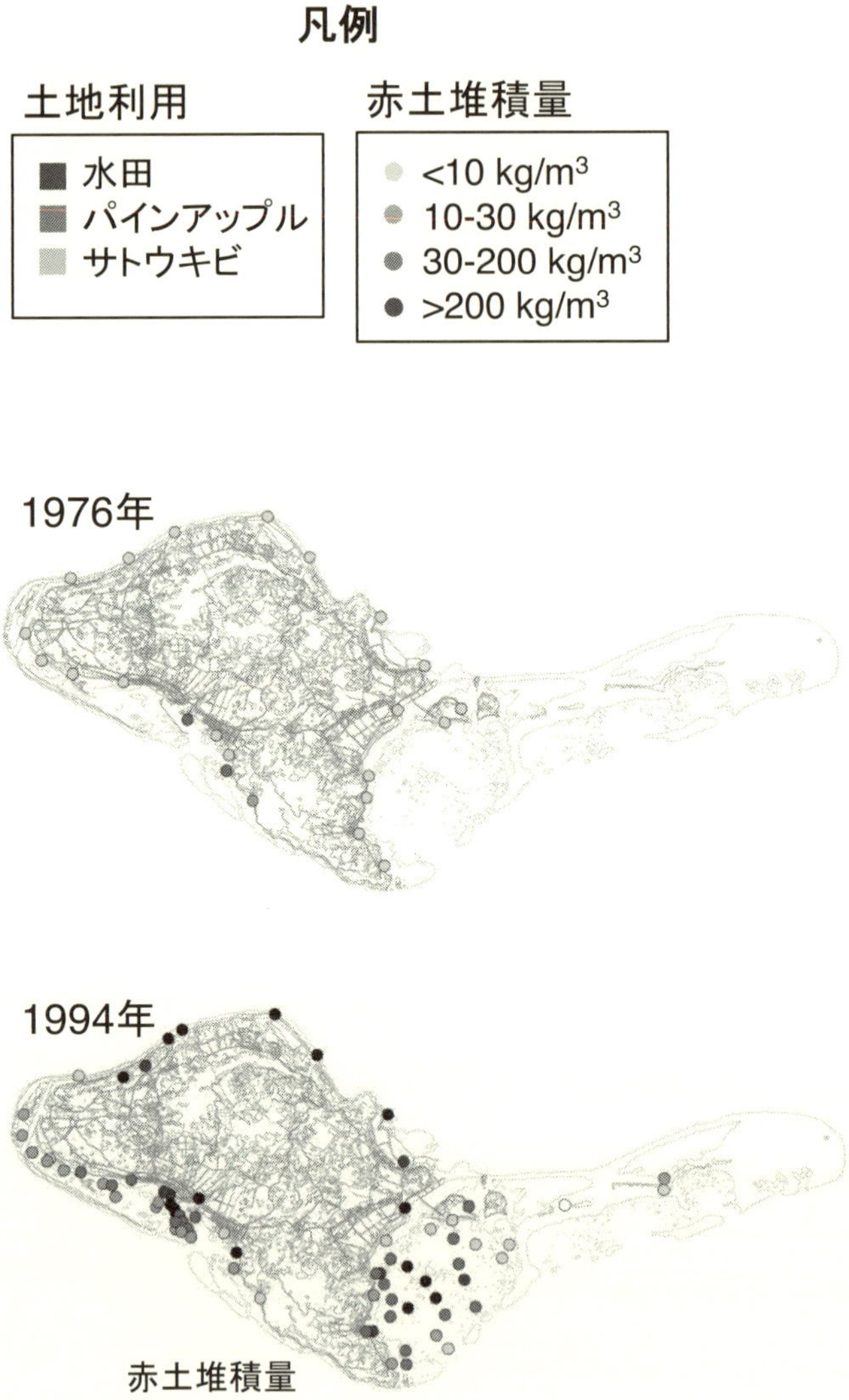
凡例
土地利用
水田
パインアップル
サトウキビ
赤土堆積量
<10 kg/m3
10-30 kg/m3
30-200 kg/m3
>200 kg/m3
1976年
1994年
赤土堆積量

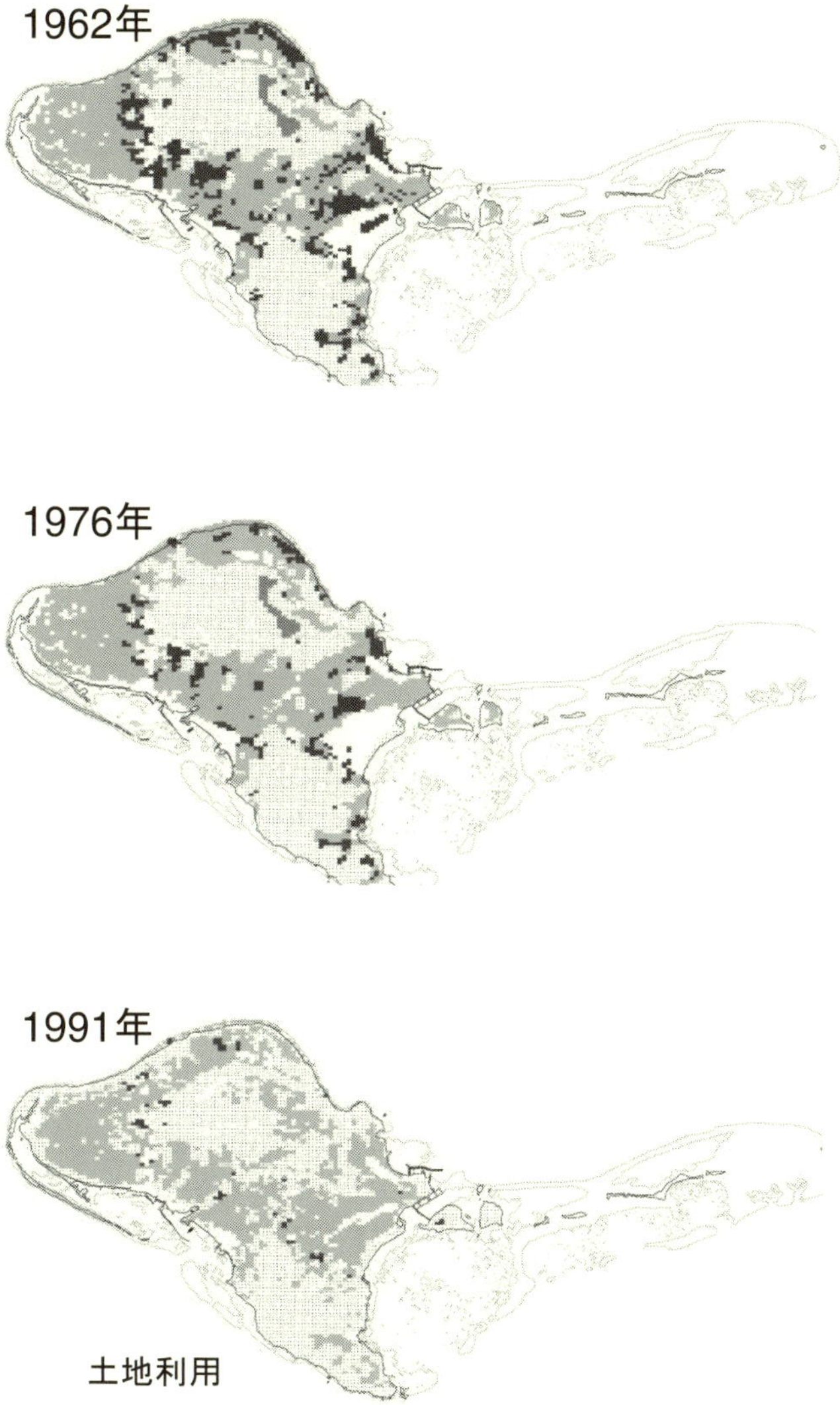

図４－２　赤土堆積量と土地利用の変化

り、まだ海には流出していなかったこと、サトウキビと甘藷の連作で裸地の期間が少なく赤土の流出は少なかったこと、赤土流出が仮に起きても水田が天然のダムとなってそれを防止していたことが考えられます。

しかし、その後久米島でも土地改良が行われ、１９９４年には、沖縄本島と同様にほぼすべての河口で赤土の流出が見られるようになりました。甘藷の栽培はほぼ無くなり、農地はほとんどサトウキビとなりました。この時期は土地改良工事による流出とサトウキビ畑からの流出と両方が起こっていたと考えられます。

１９９５年に赤土条例が施行され、土地改良事業などの工事現場からの赤土流出は止まったと考えられます。しかし、一部の川ではまだ赤土の流出が見られ、農地からの流出が継続して起こっていることが考えられます。

赤土と生き物

藤田喜久・仲宗根一哉・金城孝一

赤土は陸から川を通って海に流れ出しています。赤土の流出によって真っ先に影響を受けるのは、川の生物です。久米島の固有種であるクメジマボタルは赤土流出の激しかった年は減少、赤土流出低下で復活しました（佐藤　１９９８）。儀間川と白瀬川では、１９８０年代に生物調査が行われています。そのデータと比較することにより、現在の状況を知ることができます。

儀間川と白瀬川における現地調査を、夏期の2010年8月5〜8日と冬期の2011年1月14〜17日に行いました。儀間川における河川環境および動物の定量調査を行うための調査地点は、過去に同河川での詳細な調査を行った西島ら（1981）を参照し、ほぼ同地点に15か所を設定しました。赤土以外にも、堰や護岸などが生物に影響を与えていると考え、西島ら（1981）の調査以降に作られた河川構造物の周辺に新たに3地点を設けました。そうして設けた調査地点で、生物と、水質、赤土の堆積の調査を行いました。底質を角型スコップで採取し、花城ら（1995）の方法に従って河川における赤土等堆積の指標である、河川底質中懸濁物質含量（SPRS：kg／㎥）を計測しました。

久米島の全ての河川は、水質汚濁に係る環境基準の水域類型指定に含まれておらず、沖縄県が実施する公共用水域水質監視の対象河川ではないことから、儀間川および白瀬川の経年的な水質変化に関する情報はほとんどありません。ここでは、本調査における両河川の水質についてその概要を記します。河川水の水質汚濁の指標であるCOD値は、白瀬川に比べて儀間川で高い傾向でした。特に夏季では、儀間川下流域で8㎎／ℓを超える地点が多く見られたのに対し、白瀬川ではダム下流で7㎎／ℓ、源流域で5㎎／ℓ程度でした。この違いは周辺の土地利用の影響と考えられますが、アンモニア態窒素は夏季・冬季の2回の調査を通して両河川の上流域では、ほとんどの地点が0・2㎎／ℓ未満であり、臭気もほとんど感じないことから、全体的に集落排水や畜舎排水の影響は少ないと考えられました。一方、両河川の下流域では、アンモニア態窒素が0・3〜0・5㎎／ℓと高くなる地点があり、集落排水や畜舎排水の影響によるものと考えられました。亜硝酸態窒素もアンモニア態窒素と同様な傾向が見られ、特に冬季には、儀間川下流域で0・2〜0・5㎎／ℓと沖縄島の南部河川と同様な値を示しました。硝酸態窒素は両河川とも下流域や支流域で高い値を示しました。特に冬季調査では、儀間川支流域にある土地改良区末端の地点G17では、2・0㎎／ℓ、さらにそこから下流の本流との合流地点G11では6・0㎎／ℓと非常に高い濃度であり、農地から流出した窒素肥料の影響と考えられました。リン酸態リンについては、明瞭な傾向は見られませんでした。

両河川とも下流域の流れの緩やかな日当たりの良い地点で、pHが8を超える場合がありますが、その時は水中の酸素濃度も高く、多くが過飽和の状態になっていました。河床に繁茂した藻や水草などの光合成による影響が大きいと考えられました。また、下流域には河床に泥土が堆積しており、特に儀間川でSPRSランク4と著しく堆積していました。白瀬川では、夏季・冬季ともほぼ100㎏／㎥未満で安定していました。両河川の水質調査の結果から、有機汚濁の影響が多少あるものの、土壌流出による泥土の堆積と土壌流出に伴う肥料成分の流入等が河川水質に大きく影響しているものと推察されました。

採取された動物は計151種です。儀間川で採集された動物は112種、白瀬川で採集された動物は82種でした。本調査で得られた動物の個体数と湿重量（g）は、西島ら（1980、1981）の調査結果の値を大幅に下回っていました。特に、水性昆虫類の減少は極めて顕著であり、赤土流出による泥土の堆積と、土壌流出に伴う肥料成分の流入等による河床環境や河川水質の悪化が30年で進んでいることが示唆されました。

海に流れ出た赤土は、サンゴに影響を与えます。赤土流出の激しい儀間川の河口では、サンゴはほとんど分布していません。一方、赤土流出の少ないスハラ川河口では、サンゴの生息が確認され、澄んだ海に棲むミドリイシの生息も確認されました。

赤土流出の実状把握

林誠二

陸域と海域を一体として、赤土流出による沿岸生態系への影響を検討するために、河川流域スケールでの赤土流出モニタリングと、モニタリングデータに基づく赤土流出モデルの開発、適用を行いました。赤土流出による沿岸域生態系への影響の判別のし易さや、水文計測機器を用いた自動連続観測が安定的に行い得ること、沿岸や河川を対象とした沖縄県等による既往の調査データがあること等の理由から、儀間川流域（流域面積5・7㎢）を調査対象流域として選定しました（図4－1）。さらに、サトウキビ農地からの赤土流出特性を詳細に把握するために、儀間川流域内にある土地改良区排水路小流域（同0・28㎢）についても調査対象としました（図4－1）。儀間川流域、土地改良区排水路小流域いずれについても、2010年2月に流域下流部に水文計測機器として圧力式水位計とワイパー付濁度計を設置し、自動連続観測を開始しました。水位から流量の換算については、高水位時に実施した流量観測結果を基に作成したH－Q式を使用しました。濁度から濁水濃度の換算については、2010年6月16日の降雨出水時に採取、測定した河川水試料の濁水濃度と濁度観測結果の対応から作成した推定式を用いました。これによって、調査対象流域からの赤土流出量の時間変動の推定が可能となります。

自動連続観測結果を基に推定された2010年4月から1年間の赤土総流出量は、土地改良区小流域で190トン、儀間川流域全体で1200トンとなりました。これを単位面積（1ヘクタール）当たりに換算すると、土地改良区排水路小流域で6・8トン、儀間川流域全体で2・1トンとなり、流域面積に占めるサトウキビを主とする農地面積の比率の高さ（土地改良区排水路小流域74%、儀間川流域全体32%）が赤土流出を促進する主な要因の一つとなっていると考えられました。

調査対象流域からの赤土等、土砂流出量を計算するため、国立環境研究所が流域斜面を対象に開発した土砂流出モデルの適用を行いました。モデルは、流域斜面における降雨浸透計算の過程で生成される地表流と土壌の代表粒径を外力として、斜面からの土砂生産量を算定する構造を有しています。モデルが適用される計算ユニットを、流域内の農地一筆単位として、土砂流出に係るモデルパラメータについては、沖縄県が赤土流出削減のための営農対策支援を目的に、農地一筆ごとに収集、整備したデータを更新して用いました。

サトウキビの栽培方法（作型）には、夏に植えて翌年の冬に収穫する夏植え、春に植えて翌冬収穫する春植え、収穫後の株から発芽させ生育する株出しの3通りがあります（第2章参照）。特に夏植えの場合、植え付け1年目は収穫後から植え付けまでの間、農地を裸地状態にしておくことが多いことから、梅雨前線や夏季の台風による大雨で、大規模な赤土流出が生じやすい特徴を持っています。

沖縄県においては、赤土流出削減のための営農支援データとして、農地一筆ごとの作型や斜面に関するデータが2005年に整備されています。しかし、畑が春植えなのか夏植えなのかは年によって異なります。また、２００５年以降に土地利用が変わった可能性もあります。沖縄県のデータを基に、最新の状況を把握するために２０１０年撮影のワールドビュー２号衛星画像の判読と現地調査を行い、最新の土地利用図を作成しました。

アメダス久米島観測点での10分間降水量観測値を入力データとした赤土流出モデル計算結果は、２つの流域いずれについても、時間平均の赤土流出量の変動を的確に再現していました。これにより、サトウキビの作型分布を考慮したパラメータ設定を含めて、本研究で開発、適用した土砂流出モデルの妥当性が確認できました。

本モデルを用いて農地一筆ごとの年間赤土流出量を計算したところ、流域全体からの流出量に対して夏植え1年目のサトウキビ農地からの流出量の占める割合が、土地改良区排水路小流域で80％、儀間川流域全体で65％となりました。夏植え1年目の農地が主な赤土流出源となっていることが確認されました。

仲宗根一哉・金城孝一・林誠二

対策に向けて

赤土流出量の削減目標

儀間川河口地先に調査地点を設け、２００９年10月1日から２０１１年2月9日までの間で、6回の底質サンプリングを行いＳＰＳＳを測定しました。6個のＳＰＳＳ値と降水量と波の情報を集め、重回帰分析を行ってＳＰＳＳ簡易予測モデルを作成しました。このＳＰＳＳ簡易予測モデルを用い、50年間の月間降水量および7年間の波浪推算データから、ランダムに1万の降雨・波浪パターンを作成し各月のＳＰＳＳ分布を算出しました。これにより年間のＳＰＳＳを予測することが可能となり、ＳＰＳＳ将来予測（流出削減割合）を行いました。このシミュレーションは、儀間川流域からの赤土流出量が削減されない場合、儀間川流域からの赤土流出量が現状よりも50％削減された場合、儀間川流域からの赤土流出量が現状よりも80％削減された場合を想定して行いました。

まとまった降雨時には、流域の農地等から流出した赤土等がサンゴ礁に流入し、海を濁らせています。月毎の変動では梅雨後の6月に最も高いＳＰＳＳを示す傾向が見られ、7月から10月にかけての台風による波浪の影響を受けＳＰＳＳは低下する傾向が見られました。ＳＰＳＳの予測変動を見ると、現状のままだと気象条件によっては、年間最高ＳＰＳＳの中央値がＳＰＳＳランク7になる場合も予想され、相当量の赤土等がサンゴ礁に堆積しますが、赤土流出量を50％以上削減すると、年間最高ＳＰＳＳ（中央値）はほぼランク6にとどまります。さらに、赤土流出量を80％以上削減することで、年間最高ＳＰＳＳ（中央値）はランク5ｂになると予測できました。これまでの調査から河口付近でＳＰＳＳランクが5ｂだと、礁池内の大部分はＳＰＳＳランク5ａ以下になることが分かっています。儀間川河口地先のサンゴ礁内の生態系を保全するには、陸域からの赤土流出量は現在よりも80％以上削減しなければならない結果となりました。

夏植え1年目のサトウキビ農地を対象とした赤土流出防止策の適用が、赤土流出量の削減に最も効果的な対策であると考え、①収穫後から植え付けまでの間にカバークロップ（緑肥）を播種、生育する、②春植えに転換する、の2つの手法を裸地化防止策としてそれぞれ行った場合の削減効果をシミュレーションにより計算しました。その結果、儀間川流域全体において、緑肥を用いた場合に40％、春植えに転換した場合に58％、それぞれ赤土流出が削減できることが示されました。緑肥を用いた方が効果が高いと思われるかもしれませんが、春植えへの転換の方がより効果が高い理由は、２０１０年度についても例年同様に7月下旬から8月上旬にかけて大規模な台風の襲来があったことと、この時期は成長した緑肥を土壌へ鋤き込んだため一時的に裸地化していると想定したことによります。しかし、春植えについても、計算は植え付け後の順調な生育を想定しているため、気象条件によって生育が良くない場合は、サトウキビによる被覆割合が低下して赤土流出削減効果が低下することに留意する必要があります。

さらに、赤土流出対策として、土地利用データを基に、地形などの影響でサトウキビの作型にかかわらず恒常的に赤土流出を招いている可能性が高い農地を抽出し、それらの畦畔部分への植栽（グリーンベルト）を実施することによる流出防止効果を計算しました。その結果、赤土年間流出量の10％程度の削減をもたらす結果が得られました。

対策費用の算出

夏植え1年目のサトウキビ農地への赤土流出削減手法に関する費用対効果を検討するため、対策に要する費用を試算しました。まず、夏植え1年目のサトウキビ農地への緑肥導入に係る費用は、緑肥（クロタラリア）の播種や成長後の鋤き込みに係る機械経費等を勘案すると、効率よくこれら機械を共同利用することを前提とした場合、10アール当たり７８００円となりました。２０１０年度の儀間川流域における夏植え1年目のサトウキビ農地は１３２筆あり、その合計面積は15ヘクタールでした。これに、上記金額を掛けることで求められる流域全体での対策費用は、約１１７万円となりました。よって、赤土流出削減に対する費用対効果で見ると、削減量1トン当たり２３００円が必要となる結果となりました。

春植えに転換した場合については、夏植えと比べた場合のサトウキビ栽培による収入額の差から費用対効果を検討しました。平成20年度農林水産統計データを基に、単位面積当たりのサトウキビ収量とサトウキビ1トン当たりの生産者手取額、単位面積当たりの生産費（家族労働費を除く）を用いた夏植えと春植えの単位面積当たりの収入額を比較すると、10アール当たりで夏植えは約6万円、春植えは2万1000円となりました。夏植えが栽培に2年要することを勘案すると、春植えに転換すると、転換初年度で９０００円の減収となる結果となりました。この減収分を対策費用とみなし、上述の儀間川流域の夏植え1年目のサトウキビ農地面積を掛けた金額から、赤土流出削減に係る費用対効果を算定したところ、削減量1トン当たり１９４０円要する結果となりました。

これら夏植え農地対策に係る費用と、上記統計データを基に試算したサトウキビ栽培による収益の比較を行いました。夏植えを行う場合、10アール当たりの生産収入は約6万円と試算されたことから、緑肥導入によって生じる10アール当たりの費用７８００円は、その13％程度に相当する結果となりました。

一方、春植えに転換した場合、上述の通り10アール当たり9000円程度減収することとなり、これは、夏植えを選択した場合に比べて30％の減収に相当する試算結果となりました。

これらをまとめ、生物保全のための赤土流出の削減目標に基づいて対策が必要な農地を抽出し、緑肥や作付変化など、赤土流出防止対策にかかる費用を算出するという一連の流れを作ることによって、対策の実行可能性が高まります。

コラム7　ＳＰＳＳ測定法

ＳＰＳＳとは、海底に堆積した赤土汚染の状況を判断するための指標です。英語表記の Suspended Particles in Sea Sediment の頭文字をとったＳＰＳＳの略称で広く普及していますが、「底質中懸濁物質含量」の呼称も併用しています。ＳＰＳＳは、比較的安価で簡便な実験器具で、海域の赤土汚染を正確に判断できます。行政機関やＮＰＯによる環境調査、漁業者による漁場管理、環境教育など多くで用いられており、沖縄における赤土汚染のモニタリングの標準手法になっています。準備する器具は、30㎝の透視度計、500㎖のメスシリンダーを2〜3本、10ℓのバケツ、計量スプーン、4㎜目のふるいです。透視度計は手作りも可能ですし、メスシリンダーはペットボトル、計量スプーンは調理用、ふるいは園芸用で代替できます。ＳＰＳＳ測定の流れは下図のようになり、8つのステップで測定完了です。

ＳＰＳＳ測定値と海底の外観はよく対応しており、海域の赤土汚染状況は9のランクに分類できます（図2－2）。サンゴ礁の生態系を健全に保つためには、赤土堆積を（年間最高値で）「ランク5ａ」よりも良い状態に保つ必要があります。また赤土堆積がランク6よりも悪い場合は、人為的な赤土等の流出による汚染があると判断できます。

より詳細なＳＰＳＳ測定法や換算表は、沖縄県衛生環境研究所のホームページを参照してください。（金城孝一・仲宗根一哉）

底質採取	濁りの成分が逃げないよう、プラスチック容器などに採取。静置して濁りを沈殿させ、上澄みをよく切る。
↓	
前処理	底質を約4 mm 目のふるいに入れ、貝殻や小石を除去し試料とする。
↓	
計量	計量スプーンで試料を適量とる。
↓	
メスアップ	試料を 500ml の標線がついた容器に清浄な水で流しこみ、均一に振り混ぜる操作（メスアップ）を行って 500ml にする。
↓	
振り混ぜ	容器に蓋をして激しく振り混ぜる。
↓	
静置	容器を1分間静置する。砂は沈み、泡は浮かび、赤土等の濁りは水層に（検水）に残る。
↓	
透視度計測	検水を泡が立たないように 30cm の透視度計いっぱいに入れ、透視度を計測する。
↓	
SPSS 計算	計算または換算表により SPSS の値を求める。

コラム8　久米島の宝、ナンハナリ沖のサンゴ大群集

今回のプロジェクトでは、主に河川の生物調査を行うことになっていたメンバーは、陸（川）と海のつながりを理解するという視点から、海についてもしっかり調べたいと考えていました。久米島には以前から調査ですでに馴染みの漁師やダイバーがいたので、時間を見つけては、ネタ集めと称してお酒を酌み交わしつつ海の話を聞いていました。そんなことを続けていた2010年4月、「島の沖の深いところに奇麗なサンゴがある」という話を聞きました。翌日、船に乗せてもらってその海域で潜ってみたところ、これまで見たこともない広大なサンゴ群集を目の当たりにしました。その時の感動を文字に表すことは難しいのですが、声にならない声を上げつつ、とにかく、「これをなんとかものにしたい（成果として取り上げたい）」と考えていました。港につくと、早速、調査計画を練りました。調査チームの編成に加えて、知人の水中カメラマンにも参加をお願いしました。

同年5月の調査では、このサンゴ大群集が、通常のスキューバダイビングでは潜ることのない水深30～40ｍに拡がっていること、そしてその群集の規模は断続的に長さ1㎞以上続いていることが分かりました。また、後の調査では、このサンゴ大群集が主にヤセミドリイシで構成されていることも明らかとなりました。この発見は、国内では極めてめずらしい大規模な中深度サンゴ群集として、新聞やテレビニュースなどで大きく紹介されました。後に、立ち寄ったお店で話をしていた時に、地元の方から「ニュース見たよ。すごいね。ありがとうね」と声をかけていただきました。この群集を発見したのは島のダイバーと漁師の方で、それを学術的な意味で広く一般に周知する活動に関われたことは、島外者集団として島の生物多様性保全に関わるというプロジェクトの中でも、特に印象的なものでした。

（藤田喜久）

コラム9　サンゴ大群集のその後

　２０１０年5月に大ニュースとなったナンハナリ沖のサンゴ大群集ですが、実はその後、大きな変化に見舞われました。２０１１年5月と7月に久米島を襲った台風によって、サンゴ大群集が壊滅的な被害を受けたのです。これには、このサンゴ群集に関わった多くの研究者達が驚きを隠せないでいました。ナンハナリ沖のサンゴ大群集は比較的深い所（水深30～40ｍ）に拡がっていて、台風などの強い波の影響が少なく比較的安定した環境と考えられていたからです。２０１１年の夏に島のダイバーから被害の報告を受けて、9月に潜ったときは、絶句する以外にありませんでした。

　ダイビングなどの観光資源としてはとても残念な結果となってしまったのですが、研究者の視点から考えれば、これは大規模撹乱（損壊）から回復過程を追いかける絶好の観察機会でもあります。そこで、10月に地元のダイバーと漁師が中心となって「ナンハナリサンゴ調査会」を結成し、地道なモニタリング活動を行うことになりました。その結果、被害を受けたヤセミドリイシは驚くほど早いスピードで回復することが分かりました。1年に50㎝近く伸びている場所も確認されました。このモニタリング活動は、プロジェクトが終わった後も続いています。

　驚異的な回復を見せていたサンゴ群集は２０１４年7月の台風によって再び大規模な撹乱を受け、この原稿を書いている時点（２０１４年11月）では、２０１１年の状態に戻ってしまいました。このことから見えてくることは、ナンハナリのサンゴ群集は、大規模撹乱と急回復を繰り返しているということです。人間にとっては大きな被害と思われる自然の変化も、歴史的に繰り返されてきた自然のサイクルの範疇として捉えれば、一つの通過点に過ぎないのかもしれません。（藤田喜久）

コラム10　動物に「島の名」をつける

プロジェクトでは、河川、干潟・マングローブ域、海域の生物調査を行ないましたが、その過程でこれまで久米島で見つかっていなかった動物を多数発見・記録することができました。生物多様性保全の現場では、今まで知られていた生物（稀少生物）を守ることも当然重要なのですが、まだ記録されていない生物についてもしっかりと調査・記録して、それらを保全することも考慮しなければなりません。また、研究者の仕事として、これらの動物について「論文」として報告することも重要です。今回のプロジェクト期間中には全文で6編の論文報告を行い、新種のウミシダ類（棘皮動物の仲間）1種と、久米島初記録の甲殻類（エビ・カニ類）を6種、記録することができました。

新種のウミシダ類には、「*Comanthus kumi*（コムアンサス・クミ）」という学名を付けました。種小名の「kumi」とは、「珠美（くみ）」の意味で、久米島の古名です。生物の名前に地域名を付けることに対しては、好ましくないとの考えもあるのですが、私はこれも研究者による地域貢献の一つだと考えています。研究とて、地域の色々な人たちの協力がないと出来ないからです。また、これまでの経験上、地域の方々に大抵喜んでもらえます。

２０１１年には、久米島の海底鍾乳洞から非常に特殊なヌマエビの仲間を発見しました。ヌマエビ類は、その名のとおり、基本的に河川などの淡水域に生息するグループです（一部は汽水域などにも生息します）。このヌマエビの仲間が海から見つかるのは世界でも初めてのことで、ヌマエビ類の進化系統を考える上でも重要な発見となりました。ヌマエビが見つかった海底鍾乳洞は、洞窟の入り口が水深約35ｍと深く、通常のダイビングで潜るには大変危険なのですが、久米島の自然環境の特殊さを物語る貴重な場所でもあります。

このエビは、現在までに新属新種であることが分かっていて、研究を進めています。このエビにも久米島にちなんだ名前を付けたいと考えています。（藤田喜久）

住民の自然環境に関する認識

浪崎直子・深山直子

久米島応援プロジェクトは、2012年夏に久米島の全世帯を対象に、アンケート調査を行いました（詳細は第6章を参照）。

まず「『これは久米島の宝だ』と思うものは何ですか」という問いに対して、3つ回答欄を自由記述で埋めてもらいました。アンケート調査の結果をみていきましょう。

全部で1845の回答が得られ、「海・砂浜・サンゴ礁」など海に関する回答が42・5％と最も多くありました。この内、「ハテの浜」など砂浜を含むものは13・6％、「サンゴ・イノー」などサンゴ礁に関するものは4・0％ありました。次いで多かったのは「山・森・木」など森林に関する回答で、13・7％でした。「川・水」など陸水に関する回答は6・3％でした。この他、天然記念物である「五枝の松」という回答は6・0％、「畳石」は4・4％、「クメジマボタル・キクザトサワヘビ」などの久米島の固有種に関する回答は4・7％でした。さらには「サトウキビ畑・畑・田んぼ」など農地に関する回答もまた1・3％ありました。他方、「久米島紬・宇江城」など伝統文化に関するもの、「島人・人情」という回答も寄せられました。

次に「あなたが、久米島で大切だと思う自然環境は何ですか」という問いに対して、複数選択で回答をしてもらった結果を図4－3に示します。「サンゴ礁（イノー、内海）」が最も多く83・1％もの回答

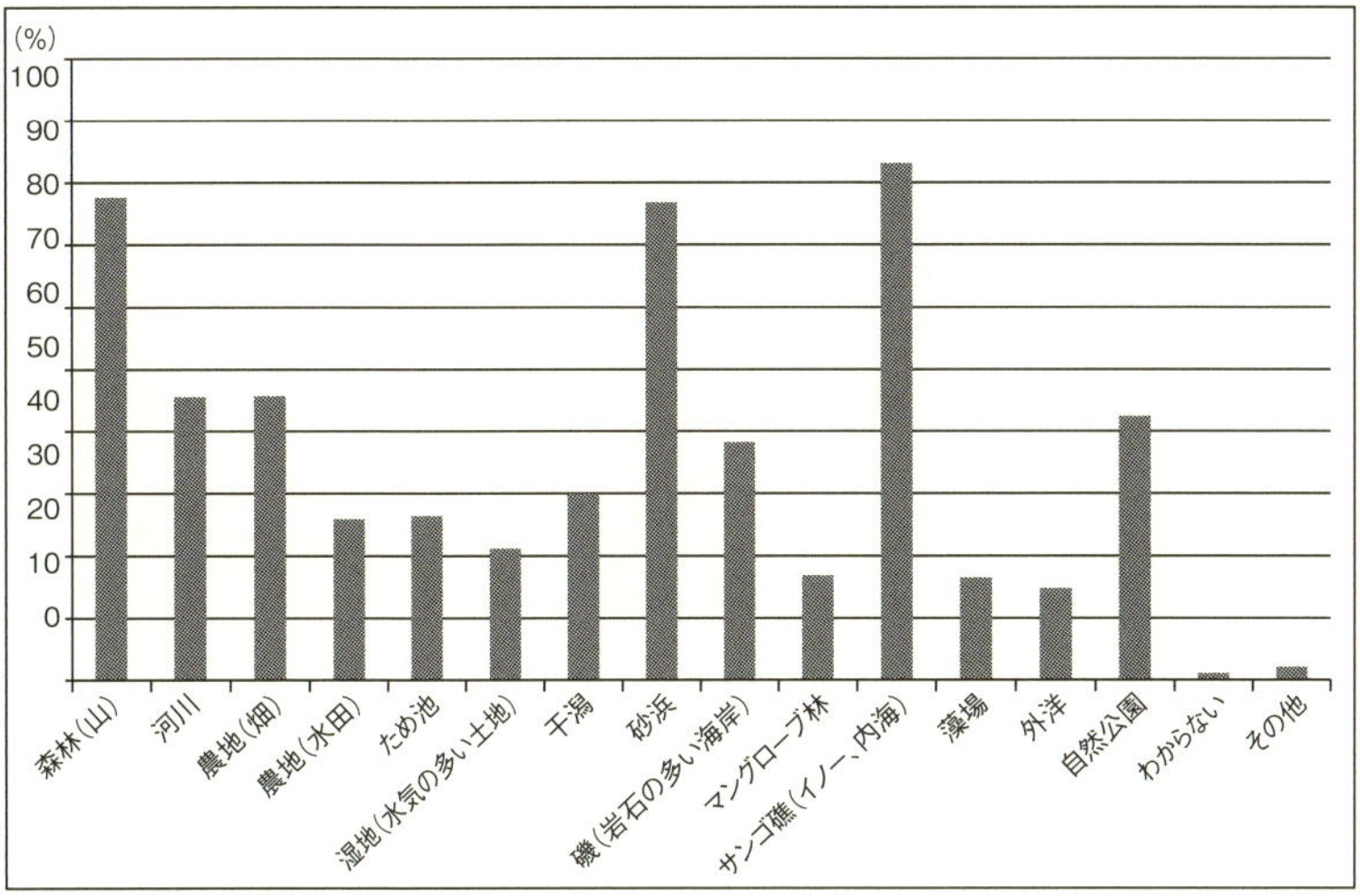

図４－３　大切にしたい自然環境

者が選択していました。次いで「森林（山）」77・7％、「砂浜」が76・8％と非常に高い割合を示し、「農地（畑）」45・7％、「河川」45・6％、「自然公園」42・4％、「磯（岩石の多い海岸）」38・2％と続きました。久米島にはラムサール条約に登録された湿地がありますが、「湿地（水気の多い土地）」を選択したのはわずか21・2％でした。

これらの結果から、久米島住民にとってサンゴ礁や砂浜を含めた海は久米島の宝として重要な位置を占めていること、そして海だけでなく森林も含めて、海域・陸域の両方の自然環境が大切だと認識されていることがわかります。

さらに、「あなたは、『生物多様性』という言葉の意味を知っていますか」という問いに対する結果を図４－４に示します。結果として、内閣府大臣官房政府広報室が平成24年に実施した「環境問題に関する世論調査」での全国平均の結果と比べると、「言葉の意味を知っている」は久米島が9・2％高く、「意味は知らないが、言葉は聞いたことがある」も久米島は5・0％高い数字です。久米島住民は、全国に比べて「生物多様性」の言葉の認知度は高く、生物多様性への関心が高いと言えます。

住民のサンゴ礁に関する認識

住民の久米島のサンゴ礁に関する認識を明らかにするための問いに対する回答は、図4-5に示しています。まず、約7割の住民が「久米島のサンゴ礁は危機的な状況にある」と感じていることがわかりました。また、約8割が「久米島のサンゴ礁が破壊されてしまうと、久米島の産業に大きな損失が出る」と考え、約9割が「久米島のきれいなサンゴ礁を守り、次世代に残したい」と思っていることも明らかになりました。つまり、サンゴ礁への保全意識は極めて高いことがわかります。

さらに「あなたが、久米島のサンゴ礁にとって今もっとも問題だと思うことは、何だと思いますか」という問いに対して、複数選択で回答をしてもらった結果を図4-6に示します。「赤土の流出」がサンゴ礁に悪影響を与えているという問題意識が極めて高いことがわかります。

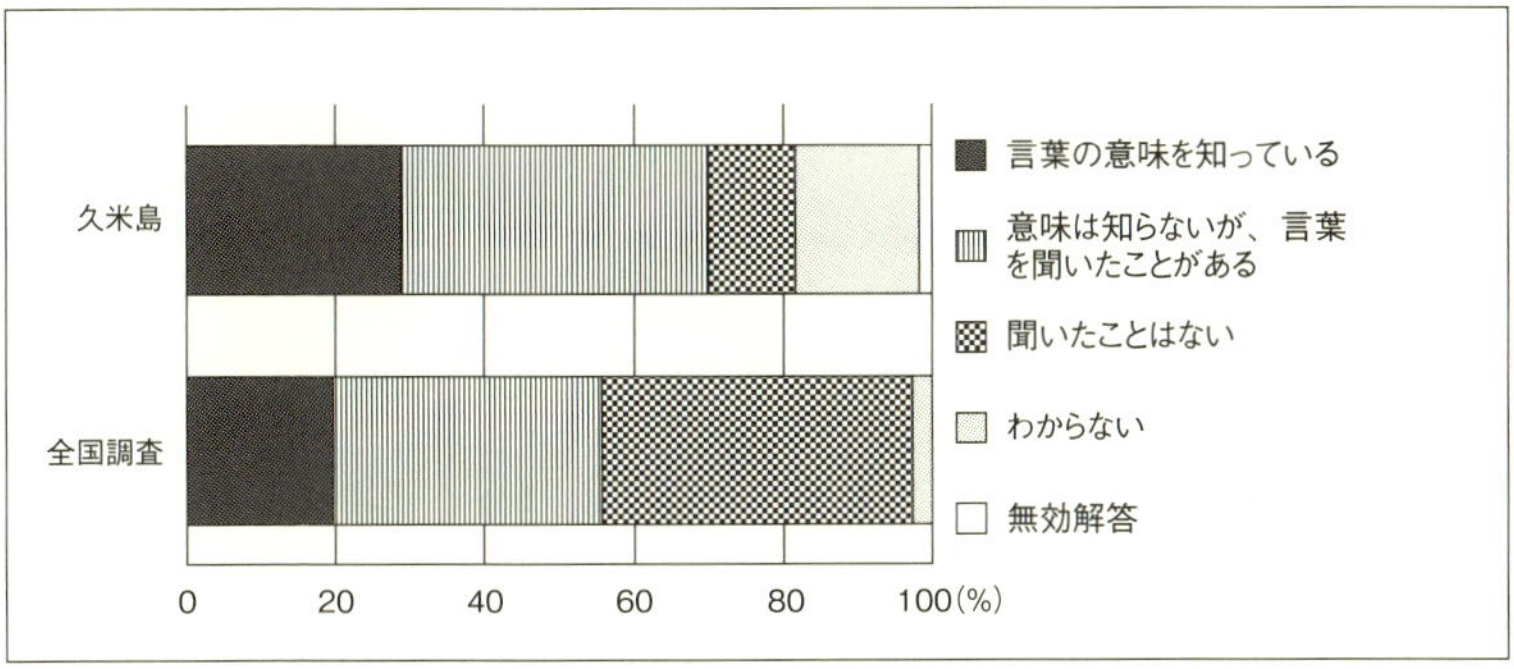

図4－4　「生物多様性」という言葉の認知

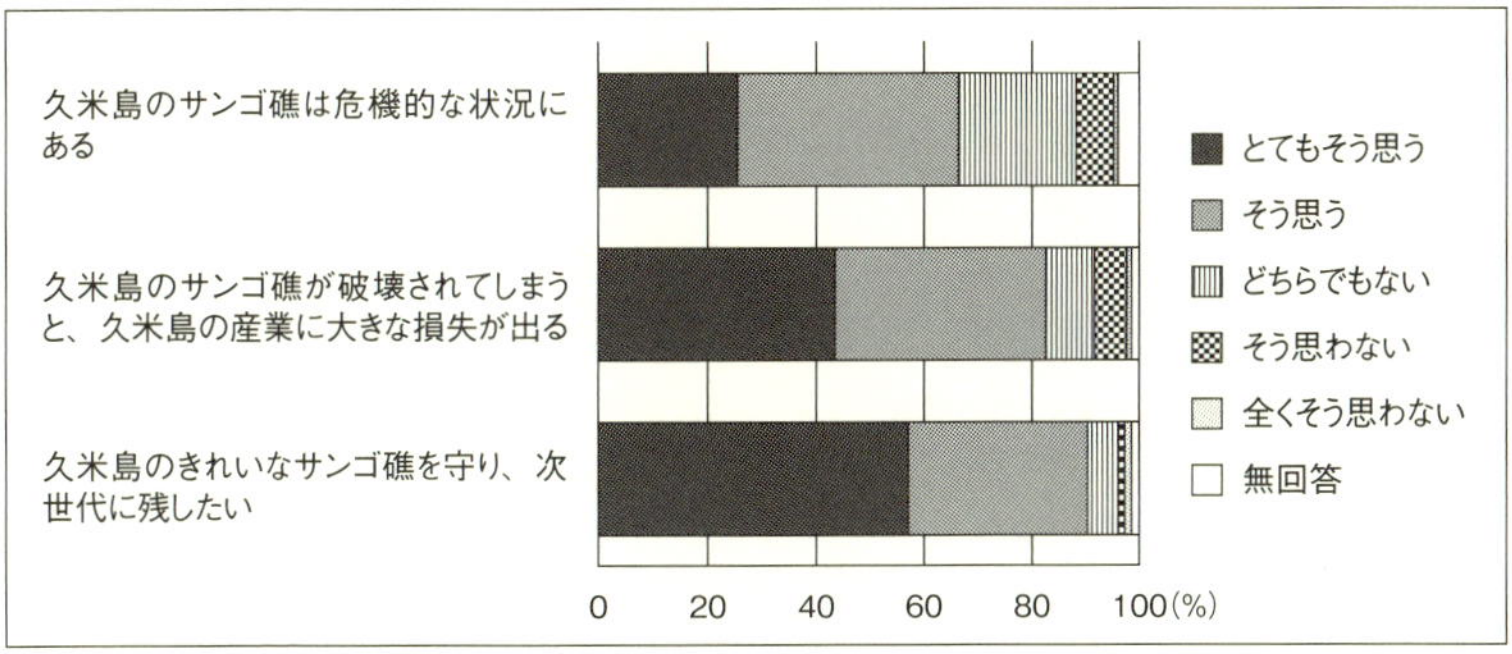

図4－5　久米島のサンゴ礁に関する認識

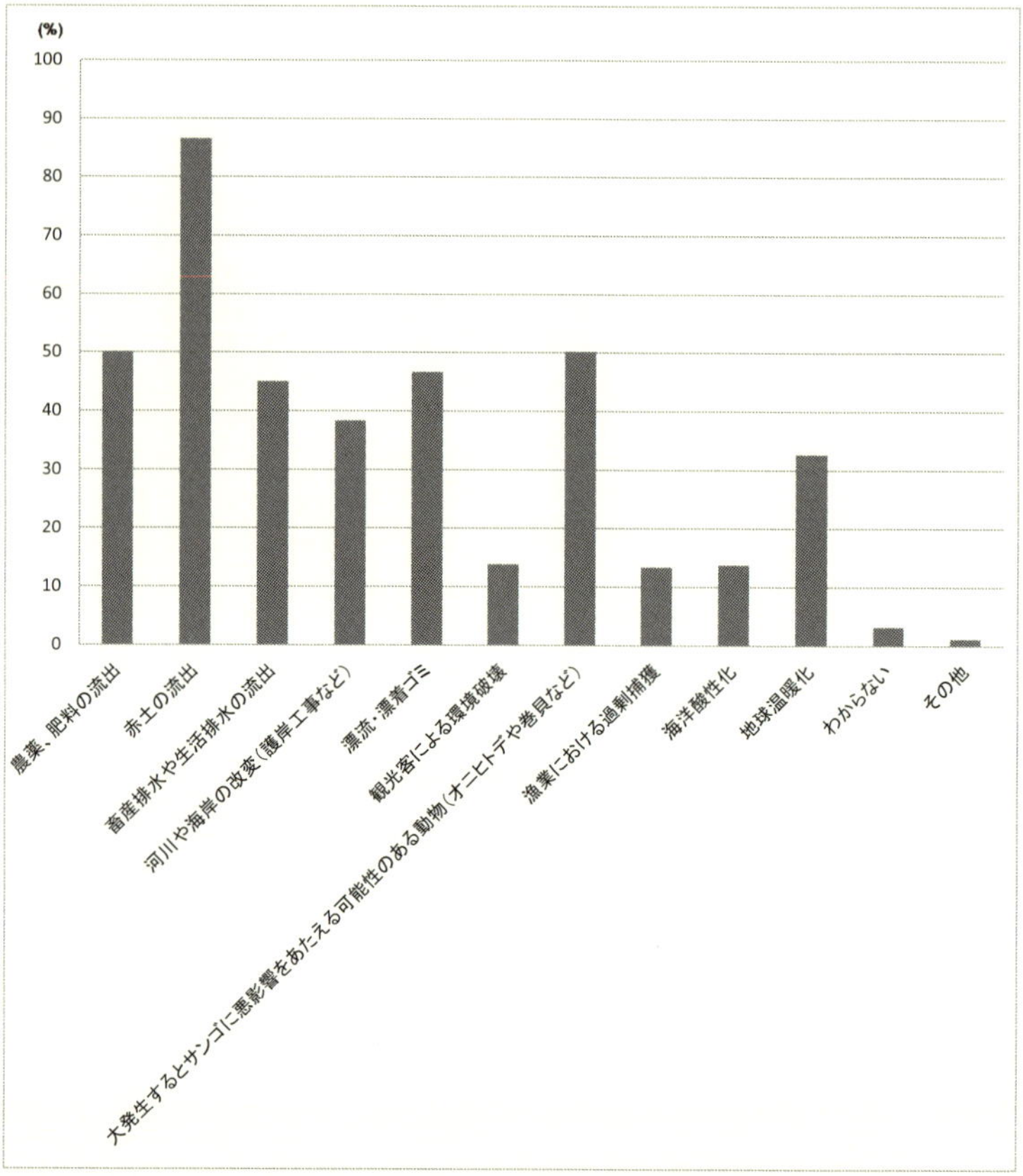

図４－６　久米島のサンゴ礁にとって今もっとも問題だと思うこと

第5章　地域コミュニティとのかかわり

赤土流出の問題は、久米島でも長年課題となっています。地元の方とお話しをすると、この問題を皆さんが意識されているものの一人一人が発信や行動するには至っていないのが現状のようでした。また、この問題の対策に取り組む地元の環境グループも少ない状況でした。その理由は様々考えられますが、たとえば農地の周りに植え付けるグリーンベルトの設置の場合は、苗代や、裸地化した土地に一時的な植生を作る緑肥の種代とそれを耕耘《こううん》するトラクター運用代などの費用と手間がかかることが挙げられます。久米島のサトウキビ農家の多くは年配者層であり、新たな作業の追加は難しい面もあるようです。さらに、農地の大規模化にともなう水路の整備工事により土砂が海に容易に流れる構造になってしまったことも大きく影響しています。これに対しては、土地改良を行った責任は農業施策の担当行政にあるにもかかわらず、なぜ農家が自己負担で、率先して対策を実施しなければならないのかという不満が、うかがえました。

県では赤土流出防止のため、「赤土等流出防止活動支援事業」などの補助金制度の普及に努めていますが、一方で、グリーンベルトや緑肥などの科学的に効果が高いと考えられる対策を個々の農家が取り組むことが必要です。さらに地域ごとの対策を計画的に進めるため、地元行政や保護活動団体との連携体制を構築することが喫緊の課題です。

久米島応援プロジェクトの立ち上げ当初、まず保全活動のターゲットの絞り込みをプロジェクトメンバーらで行いましたが、その際に以下を基準としました。

①赤土を含め、森林伐採、外来種、水質汚染、開発など、久米島の自然環境、生物相にとっての脅威は何か
②その脅威の要因や対策に取り組む地元の関係者は誰か
③地元環境保全団体は、環境負荷軽減にどんな取り組みを行い、どんな悩みを抱えているか
④地元環境保全団体の取り組みの継続・発展に貢献できそうな実績、機会、動機を、我々は持っているか

各評価項目についてまとめた結果は次のようなものとなりました。

①赤土のほか、生活雑排水、開発による生息環境の改変（森林、河川）があると分析しました。

②農家、土木業者、久米島町関連部局、学校や生徒、地域のコミュニティへの影響力が強い高齢者層、施策や制度からの働きかけを期待できる沖縄県の関連部局、将来的な保全実践主体として地元の環境保全団体・個人、テレビや新聞などの地元メディアの通信員、ダイビング業者、漁業協同組合の漁師、水産養殖業者、農業協同組合、製糖工場、町議会、サトウキビ組合、区長会、婦人会、成人会や青年層、観光協会、環境保全活動を商品にすることを目指すエコツアー業者、観光業者を地域の関係しうる対象者として選定しました。ですが、この中の、水産養殖業者や農業協同組合は、保全活動への協力・協働が簡単ではないだろうと判断しました。

③現況の分析として、農家が流出防止板やグリーンベルト植え付け種を自前で用意することは困難であること、土木業者にはハード的な対策実施や条例の順守を促す必要があること、学校・教育委員会では課外活動に参加できる教員が3年で転勤するためなかなか活動が根付かないなどの課題も見えてきました。またダイビング業者はサンゴの保全への意識は高いものの赤土に対する活動はないことや、地元環境保全団体では沈砂池や側溝に堆積した土砂の汲み取り・草刈り・ゲットウ植えなどをすでに行っていることがわかりました。

④以上について検討した結果、現状の環境について調査を行うことにより如何に影響が出ているのか、その規模を評価することで対策すべきこととなされていないことを明らかにすることが我々の専門性を活かした、初めに行う作業として、重要であるとの結論に至りました。また、そのため地元環境保全団体の活動の検証も行うこと、他の地域と久米島の比較を行い分析すること、島内の保全活動従事

者の活動目標を具体化し、久米島のあるべき姿を示すことが必要だろうと考えました。そのためには対策の効果やモデルを、過去の情報を含め明示することを目指しました。

地元の住民に働きかける際、環境が保全されている場所とそうでない場所を両方見せることが効果的です。また農業関係者だけでなく、子どもも同行するガイドツアーを企画することで、特に高齢の耕作者は素直に子どもの意見に耳を傾け、自然環境を考えるきっかけにもなります。さらに島外に久米島の魅力を紹介するために必要なものについて検討し、観光資源として自然環境を活用した旅行プランを地元と連携するアイデアなどが出ました。他にも住民の年齢層が高齢者に偏り若年層の人口が減っていることを逆手にとり、移住に向けたキャンペーンというものも考えられました。

島内でプロジェクトを展開する地域の絞り込みを行った結果、儀間川流域を対象地区としました。その理由として、この地区は比較的流域がまとまっており、傾斜地形のため土砂流出の可能性が高く、対策効果のモニタリングモデル実践地にふさわしいと考えられたからです。また、儀間地域の環境保全団体をパートナーとすることで、地域が活性化する取り組みの支援を行い、モデル事例として他の南西諸島の地域に向け発信していくことを目指しました。

プロジェクトでは儀間地区の関係者のほか、全島的に活動する、NPO法人島の学校久米島や久米島の海を守る会等の団体・個人とも連携するように、まずインタビュー形式での情報収集をし、互いの信頼構築を進めました。

このインタビューでは、プロジェクトの目的、メンバー、具体的活動案、スケジュール等の概要説明を行い、プロジェクトへの関心の有無や将来的に期待することなど、聞き取りをしました。この聞き取り内容から、プロジェクトと連携した場合に想定される活動や、現在行っている活動状況について検証を行いました。

環境保全活動を地域の活性化につなげ、経済発展だけではなく、人と人との絆を深める世代間や久米島地域内外の交流を盛り上げる活動にも注目しました。

自然環境に関する陸域及び海域での調査の他、農地から海に注ぐ河川流域において、生息する魚や底生生物と水質の調査を行い、さらに海域では、以前からの地元の漁業者やダイビングインストラクターらから情報が寄せられていた、水深30m以上の中深度にあるサンゴ大群集について、プロジェクトの研究者が共同で調査を実施することになりました（コラム8参照）。

これまで紹介したようにプロジェクトにおいては科学的な調査に基づく目標値の設定と、実効性のある赤土対策の中長期のシナリオづくり、それを地元の環境保全団体と共有することはできたものの、地域ぐるみで活動を継続させるための人材や資金の確保はプロジェクト期間の3年では実現が叶わず、今後の課題です。我々が行った情報や技術の提供と地域の方々と連携を図った経緯について、次に紹介していきます。

久米島町役場

権田雅之

久米島は人口1万人に満たない離島ですが、海洋深層水の研究施設もありクルマエビやモズクの産地として、沖縄の産業において大きな役割を担っています。久米島は現在、そのすべてが久米島町の行政区となっており、地元行政の役割は多岐にわたります。

久米島応援プロジェクトのターゲットである一次産業（農業）分野の関係者と協力し、地域に根差した活動を進めるうえで、地元行政との情報交換や企画提案などの連携は欠かせません。幸いなことに、プロジェクトでは久米島町と環境保全活動についての連携協定を2010年に締結することができました。この協定に基づき、プロジェクト期間中、地元の保全活動に協力支援を受けるとともに、半年ごとの活動報告を行うことができました。ここでは役場関係者や地元の環境保全活動関係者のほか、沖縄県の担当部局職員および民間の専門家も参加して、活動の進捗や成果を報告しました。そのほか半年に一度の意見交換には町長とお話しする機会をいただきました。プロジェクトではこれらの会合を、地元行政に具体的な支援を要請する良い機会ととらえ、環境保全や農政部局の担当者に、農家との交渉の仲介のほか、対策に関する施策や制度の充実に努めるよう求めた結果、赤土対策への補助金制度など迅速な意思決定をしてもらうことができました。

当初、地元の農業従事者にとって、我々のプロジェクトは未知の存在でした。そこに久米島町役場という公的機関が介在することで、保全活動に予算や人員を確保してもらい赤土対策のスムーズな実施が可能となりました。

このような機会を通じて、久米島応援プロジェクトの活動と進捗を共有し行政に赤土問題をより意識してかかわってもらうことが、プロジェクト後の地元での連携した体制構築につながったように思います。その一例として、久米島町の赤土流出対策の予算で、専従のスタッフを雇用しました。ボランティアではない立場で活動にかかわるスタッフがいることは大きな力になります。このほかに、赤土対策のグリーンベルトの苗の購入や苗床の育成管理についても、役場に担ってもらいました。

一方で、行政の立場ではなかなか難しい面があるのもわかりました。プロジェクト立ち上げの当初、行政が公的な立場から保全活動を推進する基軸となる役割を期待しました。しかし担当部局では種々の業務を抱えており、地元関係者間の調整という、利害に踏み込んだ活動は立場上、困難であること、さらに行政では定期的な人員の交代があり、活動継続性が確実ではないことがわかりました。

現在では久米島応援プロジェクトと締結していた保全活動協定を、一般社団法人久米島の海を守る会が引き継ぐ形で、活動を続けています。島外の保全団体との企画協力や、地元小中学校といった教育機関に呼びかけて、グリーンベルト植え付けイベントを行うなど、地元保全団体と連携した取り組みは続いています。

プロジェクト終了時の活動報告会では、「新しい試みで対策が進んだ」、「環境保全を意識する人が増えた」という感想をいただき、さらに地域行政と密着した取り組みを進める余地があるように感じられました。

コラム11　グリーンベルト植え付け種、ベチバー

赤土などの土壌流出防止のための取り組みとして、畑の周囲に植生を繁茂させるグリーンベルトがあります。沖縄県内各地でもみられる対策方法ですが、その植え付け草種は、ショウガ科の「ゲットウ」や赤い花で南国をイメージさせる「ハイビスカス」、ハーブとして利用される「レモングラス」、「ドラゴンフルーツ」など様々です。その中でも近年よく用いられるようになった草種が、「ベチバー（ベチベル）」と呼ばれるインド原産のイネ科の多年生草木です。グリーンベルトに導入されているベチバーは、種子を作らず株で増えるため、畑の中に広がらず雑草化しません。またこのベチバーという植物は、荒れた土地にも強く、雨などの給水が十分な環境では驚くほど成長が早いのが特徴です。さらに成長した後のベチバーは、トラクターで踏み倒されても、そのしっかり張った根を頼りに何事もなく起き上がるほど丈夫な植物です。このベチバーの根は、香水の原料となることから、あのシャネルをはじめ、多くの有名香水メーカーで使われています。しかし、サトウキビと同じイネ科の植物であるため、共通する害虫の発生原因となるのではといった懸念や、除草剤を散布したら枯れてしまうなどといった農家の声を聞きます。農家に諸手を挙げてベチバーを選んでもらうため、赤土対策について科学的な検証に基づく流出防止効果の説明や、適切な栽培管理手法を普及させることが今後の課題です。（権田雅之）

ベチバーの苗

地元団体

権田雅之

地域連携を進める上で重要なパートナーであり、将来的な活動の担い手である、地元の環境保全団体との関係作りに努めました。これまでの個々の活動実績を尊重しつつ赤土対策を持続的に行うために協力を仰ぎ、互いの活動の連携をすすめました。これは、少しでも多くの地元関係者が参加した体制を構築することで、プロジェクト終了後の継続性の担保につながるからです。

一般社団法人久米島の海を守る会

一般社団法人久米島の海を守る会は、久米島の企業が集い、社団法人として島内の環境保全活動を行う組織です。参加企業の中には、化粧品、泡盛、製菓など様々な業種の企業がかかわっています。久米島の海を守る会は、それら企業の売り上げの一部を保全活動に充て、従業員が保全活動にも参加しています。製品には久米島の海を守る会のロゴマークが記載され、観光客や島外の消費者へも、広く久米島のPRを行っています。

久米島の海を守る会では、当初からビーチクリーンや海岸に生息する外来種対策などを地道に行っていました。そこでプロジェクトは、彼らの活動と連携を図る中で、久米島の海を守る会の意向を尊重し、海の環境に影響を及ぼす赤土問題について、陸域の対策とともに沿岸での流出量の調査手法（SPSS

底土を採取して、濁り具合を透視度計で測定。（写真　久米島の海を守る会）

法）やその測定機器の提供を行いました。久米島の海を守る会による調査は継続して行われ、ホームページではその調査データが公表されています。

　彼らが継続して活動をすることにより、プロジェクトが提案した10年スパンの保全目標が達成されることになります。さらに久米島の海を守る会の調査活動は、日本サンゴ礁学会でも発表されました。今後、学術的にも貴重なデータとして経年的に蓄積されていくことでしょう。

　プロジェクトが久米島の海を守る会に対して提案したもので、とくに斬新な活動があります。それは、グリーンベルトの植え付け種である苗畑の確保や、行政補助ではまかないきれない農家の赤土流出防止の活動費用を、助成金として配賦する制度です。この制度の立ち上げは、募集・実施要領の策定と、サトウキビ農家へ公募を行う形で、現在でも年間を通じて運営されています。

　地元の利益を地元の自然に還元するというこの取り組みは、農家との連携を高める、地域が一体となって環境保全にかかわるきっかけともなり、今後の拡大が望まれます。

NPO法人島の学校久米島

NPO法人島の学校久米島は、島の暮らしや人びとこそが島の魅力であると考え、観光客に島の暮らしを体験してもらう短時間の「ホームビジット」というプログラムを実施し、民家で伝統的な料理や工芸品作りを体験してもらい、その参加費用によって組織運営を行っていました。島の暮らしや文化を観光資源として生かしその魅力を発信していくとともに、従来の通過的な観光スタイルでは得られない強力なリピーターの獲得を目指したものです。

「プロジェクトでは赤土対策の一つとして、島の学校久米島の「ホームビジット」プログラムに、ベチバーによるグリーンベルト植え付けのほか、耕作し裸地となった農地へのマメ科植物の種をまき、一時的な植生を作ることなどを提案しました。

この試みは、河川・沿岸の観察と赤土流出問題を知り保全活動を体験するプログラムとして、毎年久米島を訪れる京都の修学旅行生を対象に実施されています。

こうしたイベントは、地元メディアにも取り上げられ、住民が問題に気づき関心を高めることにつながりますが、すべての修学旅行でこのメニューを行うわけではありません。また、実施する場合は準備に時間がかかることや、ある程度の規模の受け入れでないと採算が取れないなどの課題もあり、継続して効果が見込める対策に向けて、さらに工夫する必要があるのが実情です。

現在このNPO法人は、残念ながら解散したものの、「島の学校久米島」の名称とともにこれらのプログラムは、一般社団法人久米島町観光協会に引き継がれ、現在はさらに多くの地元の教育機関や関係者とともに運営されています。

このように、島の人や自然という資源を活用した観光事業展開は、久米島の魅力を発信するのはもちろん、島内外の若い世代への教育にもつながります。今後、ホームビジットの受け入れをする住民が増え、観光と環境保全の両立が進めば、他の地域にも波及する大きな可能性を秘めた事業となるでしょう。

久米島ホタルの会

身近な自然環境を大切にするという気持ちを子どもたちがはぐくむことは、その地域の自然を残していくうえで大変重要です。自然が身近な地域であるぶん、その保護を地元住民に意識してもらうまでには、非常に時間がかかります。若年層への教育が重要であるのはもちろんですが、環境教育は他の世代へも波及効果をもたらします。

赤土流出の問題解決への一環としてプロジェクトが取り組んだテーマの一つに環境教育があります。そこで、すでに久米島の小学校で環境学習授業を実施していた久米島ホタルの会の協力を仰ぎました。

久米島ホタルの会は、島の固有種であるクメジマボタルをはじめ河川流域の生き物を紹介する町営施設の久米島ホタル館やその周辺の環境を活用して、環境教育活動を実践している団体です。

プロジェクトでは、これまで久米島ホタルの会が行っていた学外講義に、環境保全学習の項目を盛り

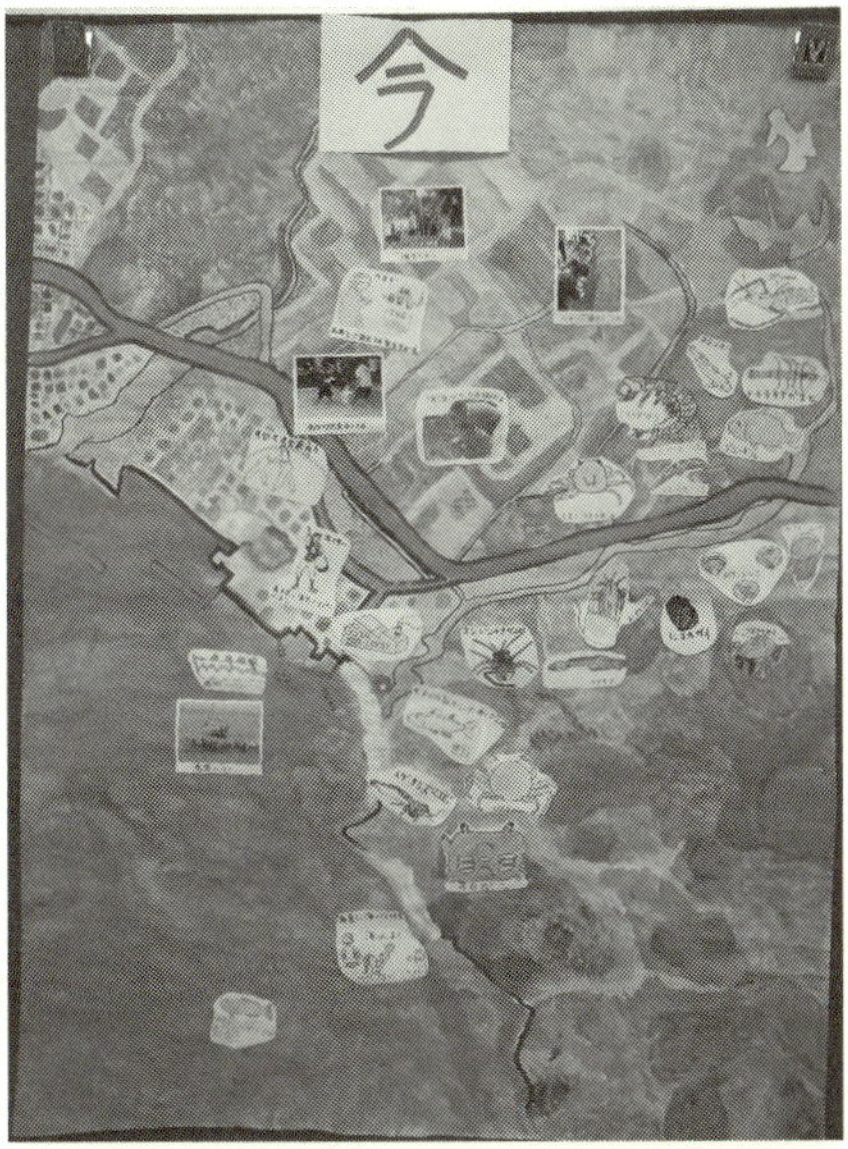

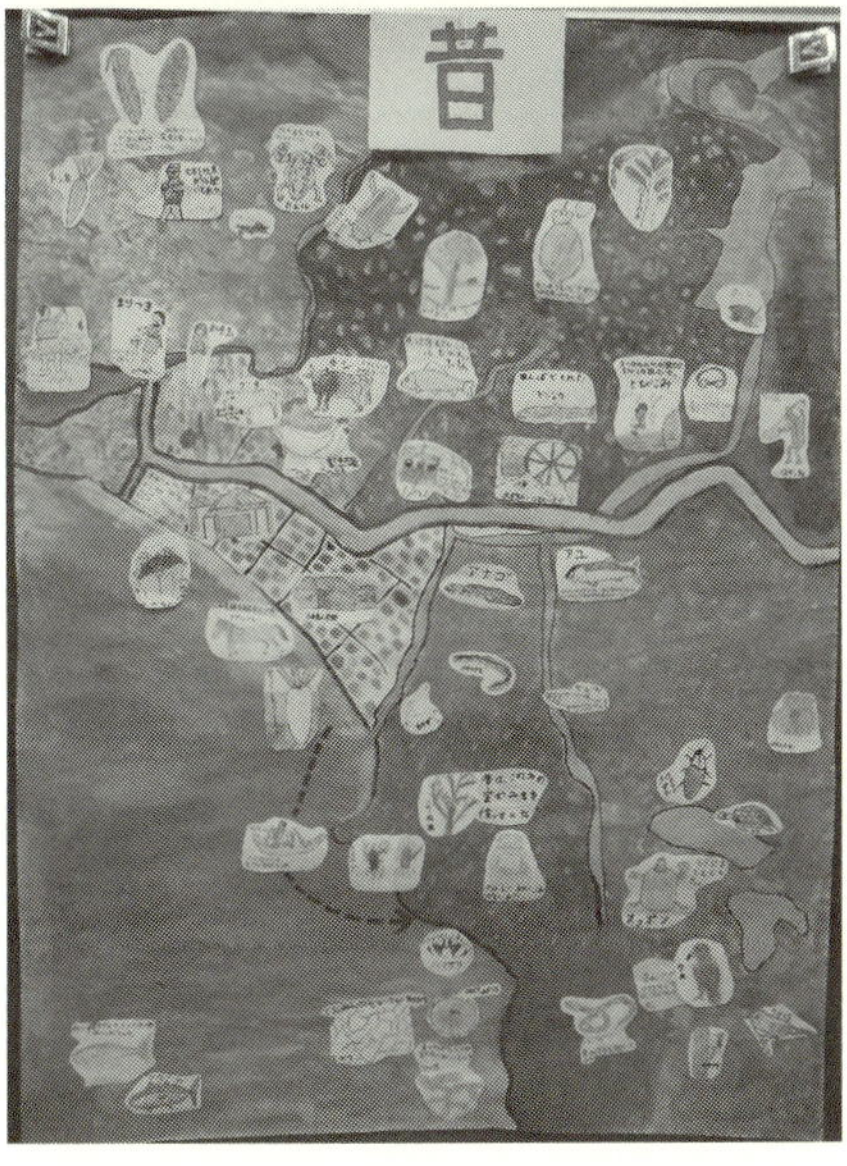

昔の地図には「２～３ｍの川の深さでとびこみをしていた」「田んぼでとれたドジョウ」「スッポン　しかけをしてとれた」などとあり、自然が豊かだったことが窺える。
（写真　浪崎直子）

込み、地元小学生に対して授業をしました。その中で、地域の高齢者をはじめ住民を巻き込んで、地元の自然や文化、今と昔の違いを盛り込んだ地図づくりをしてもらうことになり、この活動を通じて、この会と地域住民とのつながりと、赤土対策への理解を深めることができました。完成した地図は、地元の産業まつりで、子どもたちによって披露され、メディアにも取り上げられ、彼らにとっても貴重な機会となったようです。

今後、久米島ホタルの会の活動は講義を実施する学校を増やし、島内の若い世代への教育を担う存在として、その活躍が期待されます。

コラム12　久米島の泡盛「美《ちゅ》ら蛍《ぼたる》」

沖縄のお酒と言えば泡盛が有名ですが、沖縄県外で最も飲まれている「久米仙」は、一度は聞いたことがある銘柄ではないでしょうか。名前の通り、久米島の泡盛ですが、久米島にはもう一つ、生産された分のほとんどが島内で消費され、県外ではなかなかお目にかかれないおいしい泡盛があります。その名も「美ら蛍」。この泡盛を生産しているのが米島酒造という1948年から続く醸造所です。久米島は昔から水の豊富な島で、おいしいお米もたくさんとれること、また島を代表する固有種クメジマボタルの生息する場所でもあることから「美ら蛍」と命名されました。米島酒造の理念には、久米島の発展に貢献することが謳われています。プロジェクトを通じて赤土対策活動にも参加し、その後、地元での活動の担い手となっている一般社団法人久米島の海を守る会は、米島酒造が代表となり、その他多くの島の企業が集う、島人による、島の自然ための組織となっています。(権田雅之)

クメジマボタルが美しく舞う風景から命名された泡盛。すっきりとした口当たりと柔らかな甘味のある銘酒（写真　米島酒造）

コラム13　久米島ホタル館

天然記念物にも指定されているクメジマボタルは久米島の固有種の代表格です。このホタルを含む、さまざまな生き物の展示や紹介を行っているのが、久米島町の施設、久米島ホタル館です。

この施設は２０００年に開館し、ホタルだけでなく周辺の河川などに生息する昆虫やエビ、魚やそれら相互のつながりを含めた自然環境を学習できる場として、来館者へのレクチャーや生物の飼育を行っています。また同館は地元の小学生の自然観察や体験学習の場としても活用されています。

普段、観察することがむずかしい生き物を間近に見ながら楽しく学べて、多くの固有種が生息する久米島の自然を学ぶことができる久米島ホタル館。多くの人に利用され、久米島の観光と文化の発展に貢献する施設といえます。

（権田雅之）

久米島ホタル館：久米島町大田４２０
ＴＥＬ：０９８－８９６－７１００。
入場料　大人　１００円、小人　50円。

学校・教育機関

浪崎直子・権田雅之

前段で述べたとおり、プロジェクトでは、赤土流出防止対策を持続的に推進するための人材の育成が重要と考えました。そこで、我々は活動対象地域に設定した儀間を校区にもつ久米島小学校に提案し、教育活動への協力を得ることができました。久米島ホタルの会との共同企画で、5年生を対象にした「総合的な学習の時間」の年間計画授業の一つとして、赤土をテーマにした環境教材・環境教育カリキュラムを教員向けに取りまとめることができました。継続的に活用してもらうために、授業の過程で得られた教訓を活かして、授業教材化しました。この教材による授業の実施目的を、①プロジェクトのモデル地域（ここでは儀間川流域）を対象に、海・川・陸とそこに住む人びととの繋がりを理解すること、②地元老人会での聞き取りを通じて、島の自然環境と人とのかかわりの変化を知り、赤土流出防止対策への理解を深めることの2つに絞りました。授業の構成は、1年間を通じて、儀間川の河口域である「海」から川、そして陸へと順を追って体験的に学び、後半では島の環境の変化とその衰退原因である赤土に焦点を当て、赤土流出防止対策の実践に繋げるという流れにしました。

我々が行った授業では、地域の人たちとのかかわりを大切にしました。このため、儀間の中心的な存在で儀間の歴史も熟知している年配層に協力を仰ぐことが必要だと考えました。世代間交流を推進し、これにより、住民の環境への意識拡大を働き掛け、その結果として赤土対策が推進することをねらいました。

さらに、久米島小学校だけでなく、久米島全体にこの授業を広めることが将来的には不可欠であることから、久米島小中学校の教員を対象にした研修会を実施しました。ここでも、プロジェクトが開発した環境教育カリキュラムを活用しました。参加された小学校の先生から、「これまでもいろいろな総合学習の取り組みをしてきたが、これほど多くの（地域の）人とつながりをもてる授業ははじめてだった」、「儀間人としての誇りをはぐくむことができた。これが何よりも重要」という大変うれしい感想ももらいました。

プロジェクトとしては、地域と学校の境界を越えた教育の重要性を感じることができたのは、大きな成果だったように思います。

地元の小中学生による赤土対策活動。
(写真はともに久米島応援プロジェクト)

コラム14　環境教育と「おじいショック」

久米島小学校で行った環境教育の中で、とても印象に残る出来事がありました。儀間の老人会の方に、儀間川を歩きながら昔の様子や儀間の宝を子どもたちに伝えてほしいと、お願いした時のことです。限られた授業時間で子どもたちを案内するため、前日に案内人をお願いしたおじい4名と儀間川の河口域に下見に行きました。するとおじいたちは口々に、こんなことをおっしゃるのです。

「海岸にこんなにゴミがあるなんて……」、「水が濁っている」、「水流が遅くて、川の音が聞こえない」、「川がコンクリート三面張りになっている」、「こんな川は子どもたちに見せたくない」、「子どもたちに川を見せるのはあの坂の上の高台からにしよう、その方がゴミも水の濁りも見えなくなる。あんたもそう思わんかね」

下見をした場所は、儀間集落のすぐ近く、歩いて5分とかからない所です。おじいたちが想像以上にショックを受けていたことに、驚かされました。下見の後、夜遅くまで酒を酌み交わしながら「儀間川がこんなに昔と違っているなんて、俺ショックだった」と、何度もつぶやくおじいたちの姿が印象的でした。普段何気なく見ていた海岸や川を、子どもたちに説明してあげようという目で見たときに、改めて昔との変化を実感されたのでしょう。

このプロジェクトでは、子どもたちへの環境教育によって地域の意識に変化をもたらすことも想定していました。しかし、この授業のせいでおじいたちの昔の楽しい想い出を壊してしまったようで、悪いことをしてしまったのか、おこがましい行為だったかとも思いましたが、一方で、今の子どもたちや私自身が、将来、環境が悪くなった場面に遭遇した時あそこまでショックを受けるだろうか、ひょっとすると自然体験が乏しい我々の世代は、ショックを受けるどころか、環境が悪くなったことにすら気づかないかもしれないと、考えさせられました。豊かな自然体験をもつおじいから、私たちはもっと学ぶべきことがあるのかもしれません。（浪崎直子）

おじい４名の案内による、儀間川河口域での体験学習の様子
（写真　久米島応援プロジェクト）

コラム15　これからの環境教育

これからの社会を担う子どもたちへの環境教育は、気候変動や自然破壊など地球環境の悪化が深刻化した現在、緊急かつ重要な取り組みです。環境教育の目的の一つには、持続可能な社会づくりに配慮し貢献する人材を育てることがあげられます。持続可能な社会は、環境だけでなく、社会的公正性や経済活動など幅広い分野に関係することから、最近は「持続可能な開発のための教育（Education for Sustainable Development＝ESD）」として、人権教育や国際理解教育など多分野の教育と結びつけられ、全国の学校で取り組まれています。

環境教育で最も重要なことは、「行動に結びつく」人材を育てること。そのためには、地域の身近な問題に目を向けること、学校で学んだことを家庭や地域に生かせるよう連携することが必要です。

今回、久米島小学校で実践した環境教育は、現在進行形で地域の課題となっている赤土をテーマにしました。立場によって利害の対立もあるこの課題に向き合うことは大きな挑戦でもありましたが、老人会や久米島ホタルの会、行政といった地域の方々の協力が得られたことで、子どもたちが社会に参加し、地域の環境保全に貢献する道筋を示すことができました。（浪崎直子）

久米島小学校５年生の環境教育授業風景
（写真　久米島応援プロジェクト）

農家・農業団体

権田雅之

南西諸島のサンゴ礁をはじめ、沿岸の生態系に影響を及ぼすものは生活排水、肥料や畜産動物の糞尿などの有機化合物のほかに、農薬由来の化学物質があげられます。これらの物質の多くが農業活動のために発生していることは疑う余地がありません。

沖縄でよく見られるサトウキビ畑の風景は、言い換えるなら、土壌流出の原因となっている風景であるとも言えます。南西諸島の美しい亜熱帯の海を保全するためには、陸域で農業を営む農家の方々に働きかけ、協力して流出する物質を減らす必要があります。

プロジェクトでは、サトウキビ農家への協力依頼とともに、サトウキビの作付けスケジュールの管理や買い上げ・製糖処理を行う久米島製糖株式会社から委託を受けて、儀間集落の農家調整管理を担当する原料員と呼ばれる調整員の方を紹介してもらい、活動に対する助言や情報を得ることができました。原料員は地元の農家一人一人を把握しており、対策を実施するための優先農地の抽出に、地権者ではなく、実耕作者を把握するのに大きな力となりました。沖縄ではよくあることですが、土地について単に地主に相談すればよいというものではなく、地主から借り受け、中には又貸しを受けた方が耕作している場合があり、その経緯をたどることは島外者には不可能に近いのです。

原料員の方には、我々が農地情報をもとに分析し抽出した、対策優先度マップのサトウキビ畑に同行してもらい、植え付け予定時期の情報提供や、耕作中の農家への交渉にご協力いただくなど、プロジェクトにとって、大変重要な役割を果たしてもらいました。またサトウキビ農業の知識に疎い島外者の我々に、農業の変遷や栽培・収穫・加工の工程などについても多くを教えてもらうことができました。

対策を進める農地については、農家一人一人と話し合い、調整をして実作業をはじめました。しかし、よそ者が地元の農家の方にいきなり協力を仰ごうとしてもうまくいくはずがありません。一番の近道は、先ほどの原料員の方同様、島で生まれ育ち、農家と縁故や何かしらのつながりを持つ人物が必要となります。プロジェクトでは、島の関係者と連携しましたが、そのなかでも久米島の海を守る会の代表で、米島酒造の田場俊之氏は生粋の久米島育ち。酒造所の名前を知らない島民はいません。また島内各地に血縁がおられるため、プロジェクト対象地域の儀間地区の区長さんを紹介してもらいました。区長から集落の農家へプロジェクトの活動紹介や久米島の海を守る会の対策活動資料の配布をしてもらうなど、地元のつながりのありがたさを実感しました。

農家の人たちも、作物に必要不可欠な土をむやみに流出させたいと考えている人はいません。側溝や道路が土で埋まったり汚れたりするのも何とかしたいという気持ちは一様に感じています。農家の中には、個人で赤土流出対策をしている方もいて、試行錯誤している話は非常に興味深いものでした。

その実験的な施業や経験値に基づく知識は、実地でサトウキビ農業を行っていない我々にとって意外なもので、新たな課題を見つける機会にもなりました。

たとえばサトウキビと同じイネ科のベチバーは、害虫の発生源になっているのではと農家から尋ねられることがありました。しかし個人的にベチバーの栽培に取り組んでいる農家の方によれば、ベチバーの栽培や刈り取りで害虫を見つけることはまれで、発生の可能性は低いだろうとの意見でした。このように経験に基づく生の情報は、専門家であるプロジェクトメンバーにとっても勉強になることが数多くありました。

農家との対話を通じて感じたことは、我々と目指すところや考えを同じくし、さまざまな試行を行っている農家はもちろんのこと、農家同士の横のつながりからの、これまで参加機会のなかった農家の人たちに、口コミで話が波及する効果が期待できることでした。

最終的な活動のターゲットである農家相互のつながりを構築することで、プロジェクト期間後も着実に対策が継続され、さらに協力の輪が広がる礎になったと思われます。

我々のプロジェクトを通じて、久米島の海を守る会・製糖会社・農家の保全実践者が、そのかかわりを深め、保全目標の達成に向け着実に活動を進めていくことが期待されます。

コラム16　農家の高齢化

日本全体で少子高齢化が進み、平成25年には65歳以上の人口が総人口の25・0%、すなわち4人に1人となりました。久米島も例外ではなく、65歳以上の人口の割合は近年増加を続けており、平成25年には25・5%に達しました。確かに島を歩いていると、70代、80代、場合によっては90代というご高齢の農家さんにしばしばお目にかかります。気力・体力を保ち、「60代はまだ若造」、「一生現役」などと言いながら精力的に作業されている姿にはただただ頭が下がります。その一方で農家の高齢化、さらには少子化のみならず若年層の島外移出・農業離れによる後継者不足は、深刻な問題です。それにより、耕作放棄地が増えるのでは、と心配する声も聞かれます。個人では耕作しきれない畑を共同で活用する仕組みを考えたり、農業の担い手を島内のみならず島外に求めたりする必要があるのかもしれません。

（深山直子）

地域への普及活動と環境に対する認識調査

浪崎直子

自然環境はその地域の経済にとっても重要な資源となります。プロジェクトでは農地からの赤土流出防止をテーマに農家の人たちや関係者・組織と対策を進めましたが、応援プロジェクトの達成には、住民の人たちの理解と協力が不可欠です。改めて、身近にある素晴らしい自然について考え、知り、それを守る行動につなげるためには、島内外にプロジェクト活動を広めることが重要だと考え、プロジェクトの開始にあたり、認知効果を高めるロゴマークを作成することになりました。広告関係のプロジェクトメンバーが中心となって作成したロゴマークは、漢字の「米」をデフォルメしたものになりました。

プロジェクトを地域の人たちに知ってもらうため、島内向けにさまざまな広報活動を行いましたが、その一つに、住民を対象にした無料の連続講座の開催がありました。このほか、恒例の地元行事や催事に出展し、活動のPRを行ったり、さらには、プロジェクトのブログサイトを開設（http://kumejima-support.seesaa.net/）し、広く継続的な配信により、島内外の関心が高まることも期待しました。

インターネットでの情報発信は誰でもアクセスが可能なだけでなく、活動の記録が閲覧できるよう、活動内容や情報の更新を迅速に行いました。インターネットは効率のいい広報手段である一方で、地域的な活動については対面のコミュニケーションと違って、即反応があるということは少なく、一方的な掲示板にとどまってしまったことが反省点です。むしろ他の地域や同様の活動を行う人たちに対する

「情報の共有媒体」としての機能は有効であったように思われます。

プロジェクトでは、メディアへの情報配信を積極的に行いました。赤土流出防止のグリーンベルト設置活動、地元の環境保全団体や小中学生が参加するイベントや環境調査の結果報告などについて、随時、地元の新聞社や駐在員、テレビ局関係者に対し情報配信を行いました。

イベントを企画・開催するたびに、プレスリリースを作成し、マスコミ関係者に送付しました。そのおかげで、イベントには必ずマスコミの取材があり、プロジェクトの認知も高まり参加者の動機づけに大変有効だったと思います。

市民向けの連続講座の開催の際には、毎回新聞に折り込みを入れ、島民の参加を呼び掛けるとともに我々の活動のＰＲに努めました。講座開催には、久米島応援プロジェクトメンバーが行った川や海の調査活動と、そこで確認されたデータや成果などを住民の皆さんに知ってもらう目的がありました。赤土流出の問題だけでなく、自然環境や環境保護活動について、参考となる他の団体や地域の取り組み事例なども、必要であれば外部から講師を招いて紹介しました。

講座内容は、赤土問題に関するものがほとんどでしたが、生物多様性保全の視点を入れつつ、地域の文化や社会の変遷など、広がりを持たせる工夫がさらに必要だったように思われます。

また、講演形式からさらに踏み込んで、プロジェクトの活動方針を地域と共有する機会、住民による活動の意見交換の場としての機能も必要だったかもしれません。地元の人たちが多数参加する総意形成

旧暦の５月４日に、海の恵みへの感謝と航海安全を祈願して行われるハーリー（爬龍船競漕）。（写真　久米島町観光協会）

の場を用意する、課題や地域性に応じて、どの様な講座とするか、意見交換の場とするか、それぞれをどのような割合やスケジュールで開催するか、プロジェクトの企画段階で十分に検討し、絞り込みを行うとともに、実施後には見直しを図っていく必要があるように思います。

久米島では毎年恒例のイベントがさまざま開催されています。国内有数の海洋深層水プラントがあるため設けられた海洋深層水の日のほか、久米島町産業まつりやハーリー、久米島マラソン、久米島まつりなど年間を通じてイベントが目白押しです。これらのイベントでは毎回、日本国内で最大の生産高を誇る久米島のクルマエビが格安で販売され、とれたてのエビが味わえるブースが出たりします。このようなイベントは、プロジェクトの活動発表や環境保全の重要性を地域に訴える好機でもあります。

プロジェクトでは展示ブースを出し、水槽を設置して生き物の紹介や、地元小学校と取り組んだ環境教育の成果発表の場としても活用しました。赤土対策に関する研究成果やベチバーの現物を展示し、その利点を説明すると、耳を傾ける農家も少なくはありませんでした。さらにプロジェクトの調査活動で確認されたサンゴ大群集や新種のヌマエビなどの、久米島の「宝」の写真や、久米島の過去からの変遷がわかる空中写真なども関心が高く、足を止める人たちが多くみられました。これらの普及イベントにより、住民の人たちへ、身近な環境を考えてもらう機会を提供することができました。

また島内での展示発表にとどまらず、東京で行われた東京久米島郷友会では、ナンハナリ沖のサンゴ大群集のパネル展示・ＤＶＤ放映を行い、東京久米島郷友会創立50周年記念誌『久米島』で写真を掲載してもらうなど、相互に交流することができました。

こうした活動を通じて、島内の人たちから「展示見ましたよ」と声をかけられたことが幾度となくありました。島内への広報という意味では効果が大きかったと感じています。

自然資源の保全と利用を効果的・持続的に進める、地域活動の構築を目指したこのプロジェクトは、その過程や結果を他地域へ発信していくことも重要です。

久米島町役場だけでなく、沖縄県の関連部署やさらに環境省の地域事務所へも、プロジェクトの企画趣旨やスケジュールおよび活動状況の進捗といった情報を提供しました。

この結果、沖縄県農林水産部水産課の、「新しい公共による海の再生協働モデル事業」での採用や環境保全課の「沖縄県赤土等流出防止対策基本計画」で重点監視海域とされるなど、副次的効果を得ることができました。

一方で、多くの課題も見えてきました。

プロジェクトでは当初の期間、地域住民や関係団体と接触し意見交換を重ね、信頼関係の構築と我々の活動における将来性についての理解を深めるために時間を費やしてきました。久米島の環境保全活動を継続的に展開できる、地域の活動や人材に関する情報を収集し、検討をしましたが、その結果、当初予定していた地元の環境保全団体との協働について見直しを図る必要があるとの結論に至りました。何度も意見交換を重ねる中で、一部の団体との活動方針の共有が難しく、実行についての可能性が、低いと判断したためです。

地元団体は、それぞれ得意とする長所、資金調達力、環境保全の知識、組織力など、状態や技量は様々です。しかし相互の意見や活動方針の相違から生じる対立や軋轢が少なからずあることもわかってきました。こうしたことは自然保護に限らず、他の地域の市民活動においても、よく生じます。残念なことですが、これでは地域が主体的に活動をしていく上で、相乗効果を生むことはできません。同時に、一朝一夕で解決できるような課題ではなく、ましてや、外部から働きかける立場からの安易な介入は我々だけでなく、彼ら同士が対立の当事者となりうる可能性があります。こうした場合には、我々の活動趣旨を一貫して伝えていくこと、その立場を崩さないことが最も大切です。

我々のプロジェクトが赤土対策活動を展開できたことは、協定を結んだ町役場だけでなく、地域の個人や関係団体とコミュニケーションを重ね、信頼関係の構築、活動ビジョンの共有に時間を費やしてきた結果であると考えています。

本章の最後として、活動中に得られたプロジェクトを展開する上でのヒントとして挙げられるのは、①地域の様々な関係者に横断的に働きかけることができる地元行政に、交流や呼びかけの窓口となってもらうこと、②プロジェクトが利害関係のない立場から客観的かつ科学的なデータをわかりやすく提示すること、③プロジェクトは地元関係者に一貫して活動趣旨を伝えつづけること、④活動テーマだけでなく広く一般の島民の意見を集約し地域活性化など地元にもメリットのある活動を提案することなどです。

久米島応援プロジェクトが取り組んできた広報活動や教育活動の結果、住民の人たちにどれだけ認知され、どの程度心に届いたのかを評価をすることは、一つの成果指標としてだけでなく、我々今後の活動への貴重なヒントにもなります。それを検証するために久米島町産業振興課や各地区の区長の協力を得てアンケート調査を行ったところ、年齢や職業などによらず、久米島応援プロジェクトに対し高い認知度があることがわかりました。

活動中、住民への影響について実感が持てなかったのですが、住民の人たちにはしっかりと認知されていたのだということがわかりました。

プロジェクト終了後も、保全作業や効果モニタリングは地元の団体によって継続され、その内容も発信されています。彼らを活動の主役とし、子どもたちなどの若い世代が関心を持って活動に加わり、地域の保全活動としてさらに広がっていくこと、そして島の全域に保全活動が展開されるとともに、島外へも波及していくことが期待されます。

コラム17　住民へのアンケート

２０１２年７月に実施したアンケート調査には、久米島全世帯のおおよそ３分の１が回答を寄せてくださいました。こんなにも回収率が高いとは、計画段階では予想していませんでした。

久米島町には33の字があり、各字の長である区長が集う区長会が毎月開催されています。区長会では、タウン誌や久米島町役場からのお知らせなどといった、各世帯向けの資料がまず区長に配られます。各区には、班長と呼ばれるいくつかの世帯を取りまとめる担当者が複数人いて、資料はこの班長を介して各世帯に届けられます。今回のアンケート調査も同様にして、全島の世帯に行き渡りました。約１か月後には、班長、場合によっては区長が、１軒ずつ訪問して記入済みのアンケート調査を回収してくださいました。（浪崎直子）

右）　久米島の区長会でアンケートの実施をお願いした時の様子
左）　区長会で配布されたアンケートを含む資料一式

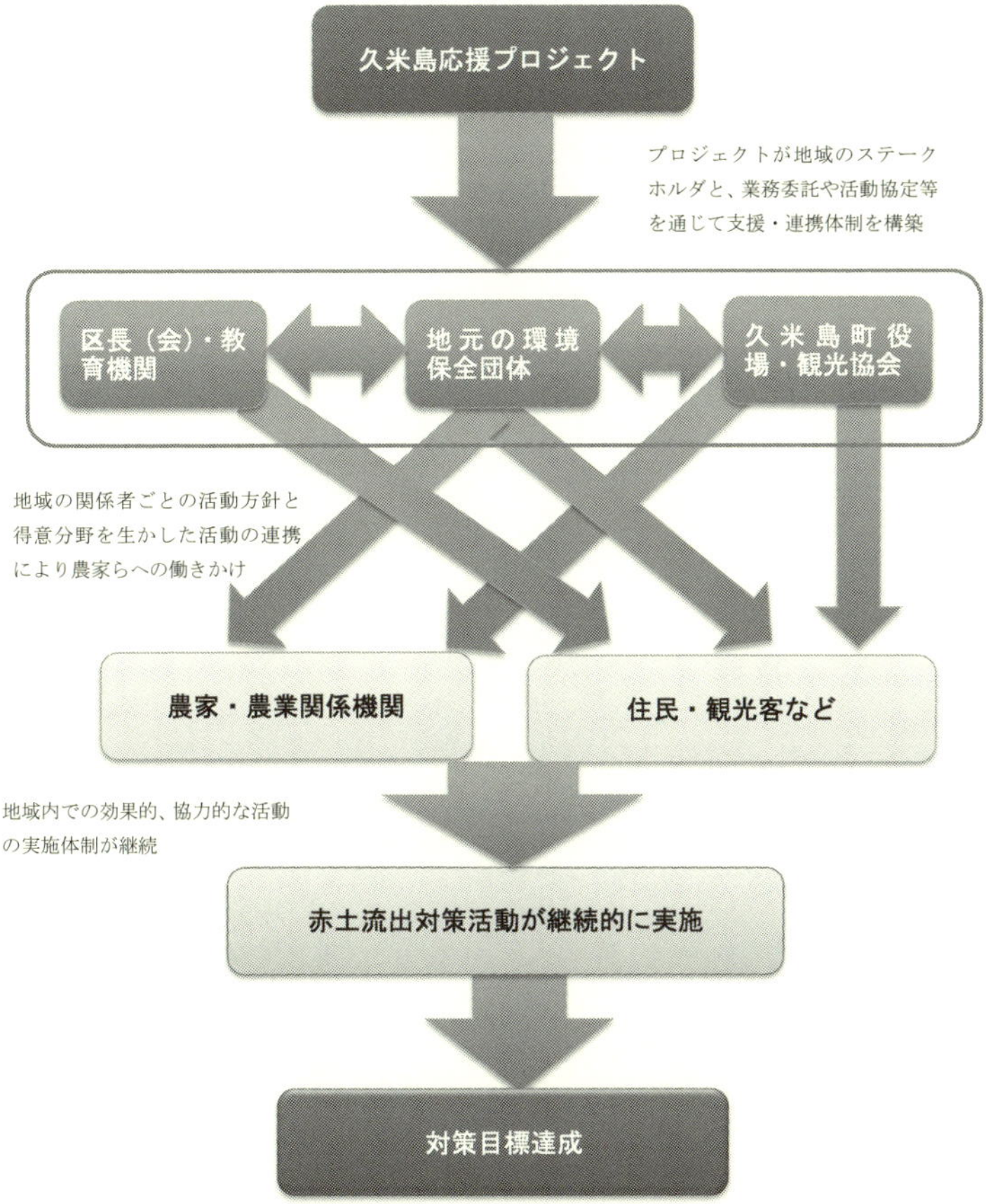
久米島応援プロジェクト
プロジェクトが地域のステークホルダと、業務委託や活動協定等を通じて支援・連携体制を構築
区長（会）・教育機関
地元の環境保全団体
久米島町役場・観光協会
地域の関係者ごとの活動方針と得意分野を生かした活動の連携により農家らへの働きかけ
農家・農業関係機関
住民・観光客など
地域内での効果的、協力的な活動の実施体制が継続
赤土流出対策活動が継続的に実施
対策目標達成

第6章 「久米島応援プロジェクト」を振り返って

浪崎直子・深山直子

地域との協働

アンケート調査の概要

久米島応援プロジェクトが住民にどれだけ認知され、環境保全の認知と態度および行動にどのように影響を及ぼしたかを定量的に明らかにするため、久米島町の全世帯を対象にアンケート調査を実施しました。

「久米島の自然環境に関するアンケートご協力のお願い」と題したA4サイズ8ページの体裁のもので、社会心理学の専門家（東洋大学社会学部・関谷直也准教授）の助言のもと、町役場や地域の有識者からも意見を聞きながら設計しました。そして2012年7月2日に全世帯3925戸に質問紙を配布し、約1か月後の2012年8月1日に回収しました。なお、質問紙は世帯の20歳以上の成人1名が回答するように記しました。

回収された１３２４票（回収率33・７％）のうち、白紙や不備のある回答を除き１０２５票の有効回答を得ることができました（有効回答率26・１％）。回答者の内訳は、男性６０１名（58・６％）、女性３９６名（38・６％）、無回答28名（２・７％）でした。回答者の年齢は50代が最も多く30・０％、次いで40代が18・２％、その他60代17・９％、30代12・３％、70代９・８％、20代５・８％、80代以上３・９％、無回答２・１％でした。なお、字ごとにみていくと、本プロジェクトがモデル地区とした儀間が１１３票と最も多く、次いで真謝１０３票、仲泊87票、宇江城72票、比嘉56票、謝名堂45票、鳥島44票、大原41票と続き、その他23字から回答を得ました。

回答者の職業は、農家が25・３％と最も多く、次いで公務員が12・６％、無職12・５％、その他12・１％、専業主婦／主夫10・１％、その他自営業６・７％、製造業４・５％、建築業４・０％、無回答４・０％、観光業３・５％、飲食業２・３％、漁業１・８％、畜産業０・６％となりました（複数回答も１割ありましたが、この場合は収入が最も多いもの、もしくは最初に選択されたもののみを集計に用いました）。久米島在住経歴は、「久米島で生まれ、ずっと久米島に住んでいる」が25％、「久米島で生まれたが、仕事や学校のために久米島以外の場所に住んでいたことがある」が44％、「親戚が久米島にいるなど久米島にゆかりがあるが、久米島以外の場所で生まれ、久米島に移り住んだ」が５％、「久米島にはゆかりがなく、久米島以外の場所で生まれ、久米島に移り住んだ」が17％、無回答が９％でした。

久米島応援プロジェクトとその活動の認知

「あなたは、『久米島応援プロジェクト』というプロジェクトを知っていますか」という問いに対する回答は、図6－1に示しています。「よく知っている」と「よく知らないが聞いたことはある」を合わせると43・8％となり、久米島住民の約半数が久米島応援プロジェクトについて少なくとも聞いたことはあると回答していることになります。

本プロジェクトで行った教育・普及啓発活動の中でも、最も認知度が高かったのが、「ナンハナリのサンゴ大群集の発見」でした。図6－2で示すように、このことについては「よく知っている」が32・9％、「よく知らないが聞いたことはある」が42・0％でした。

これらの人々に、その情報入手経路について尋ねたところ、さらに図6－2で示すように、テレビ・ラジオ・新聞などのマスメディアの影響力が明らかとなりました。

本プロジェクトにおける中心的な活動として、平成22年から24年にかけて計4回実施した「土壌保全・赤土流出防止対策行事」、平成23年に計2回実施した「久米島小学校児童による儀間川環境学習発表会」があります。それらの活動の参加もしくは認識について、図6－3のような結果が得られました。また、連続的な講演会という活動については、図6－4のような結果になりました。さらに、その他の活動として「新種ヌマエビの発見」、「久米島博物館での企画展」、「産業まつりでの赤土展示」、「海洋深層水の日イベント展示」、「久米島小学校での環境学習」、「久米島町と久米島応援プロジェクトとの協定締結」があります。これらの活動は12・6～19・1％の人が知っていると回答しました。

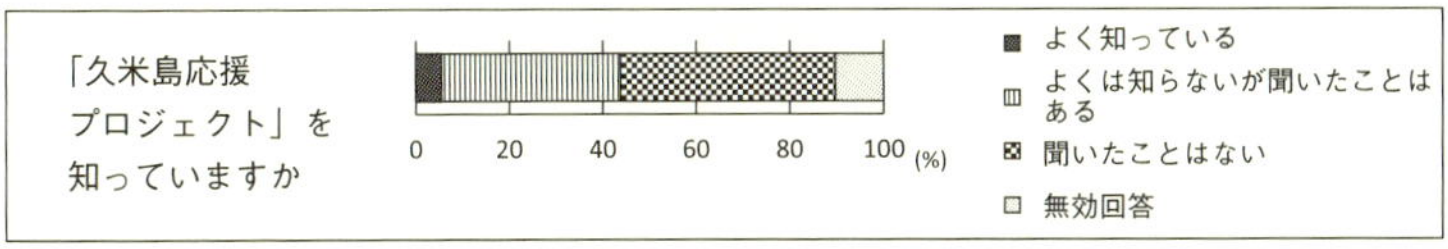

図6－1　久米島応援プロジェクトの認知（%）

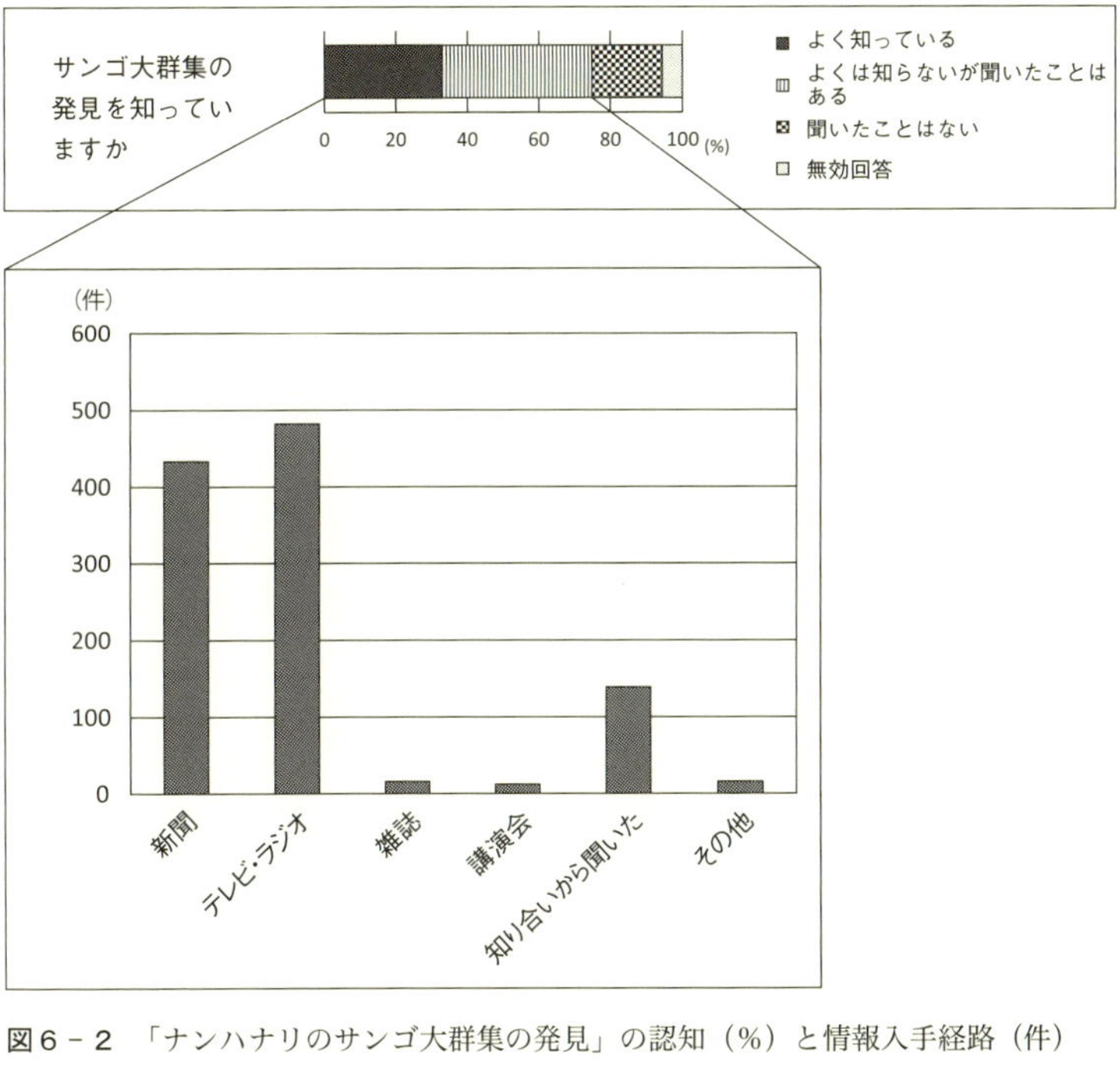

図6－2　「ナンハナリのサンゴ大群集の発見」の認知（%）と情報入手経路（件）

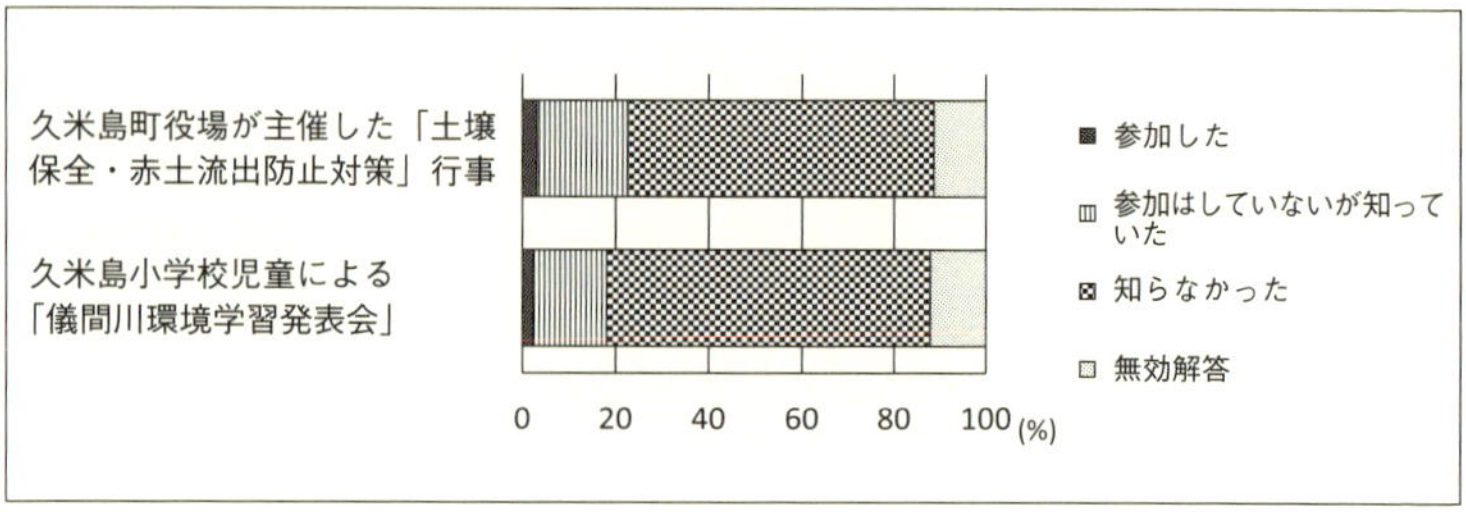

図6－3　プロジェクトが行った教育・普及啓発活動の参加と認知（%）

久米島応援プロジェクトが住民の赤土流出防止対策に及ぼした影響

本プロジェクトの効果を知るために、図6－3と図6－4において一度でも「参加した」と回答した人々を本プロジェクトへ「参加したことがある」グループ、それ以外を「参加したことはない」グループとみなし、この2つの集団間で、赤土流出防止対策への意識を比較しました。その結果が図6－5です。

「赤土流出防止対策は、私にはあまり関係のないことだと思う」という赤土流出防止対策への関心を問う質問については、「参加したことがある」グループにおいて自分に関係があると思っている人が多いという結果になりました。「赤土流出防止対策を実施することは、農家の義務だと思う」という態度を問う質問については、「参加したことがある」グループにおいて赤土流出防止対策は農家の義務だと思っている人が多いという結果になりました。

行動については、ここでは行動意図の有無を明らかにするべく「知り合いの農家に赤土流出防止対策をするように働きかけたい」という質問を設定しました。すると、「参加したことがある」グループにおいて農家に赤土流出防止対策をするように働きかけたいと思っている人が多いという結果になりました。

以上の結果から、久米島応援プロジェクトの活動に「参加したことがある」グループの方が「参加したことはない」グループに比べて、赤土流出防止対策を実行に移すための関心、態度、行動意図のいずれの段階においても意識が高いという結果が得られました。

しかしながら、この結果だけでは応援プロジェクトの効果によって意識が高まったとは言い切れません。なぜなら、もともと赤土流出防止対策に関心が高い人だったから応援プロジェクトの活動に参加した、ということも十分に考えられるからです。そこで、赤土流出防止対策の知識について、時系列に分けて質問してみました。

赤土流出防止対策の方法として、久米島応援プロジェクトが重点的に普及を図った代表的な知識が2つあります。1つ目が「『ベチバー』という植物を畑の周囲に植えることで、農地からの赤土流出をある程度防止できること」、2つ目が「サトウキビには春植え・夏植え・株出しの3つの育て方があり、春植えや株出しよりも、裸地期間が長い夏植えの方が赤土は流れやすいこと」の2つです。この2つの赤土流出防止対策の方法について、3年間の応援プロジェクトが始まる前である「5年以上前から知っていた」、「最近知った」、「知らない」のいずれかで回答を求め、再び本プロジェクトに「参加したことがある」グループ、「参加したことはない」グループの間で比較をしてみました。その結果が図6-6です。

1つ目の質問では、「5年以上前から知っていた」人の割合は、プロジェクトに「参加したことがあ

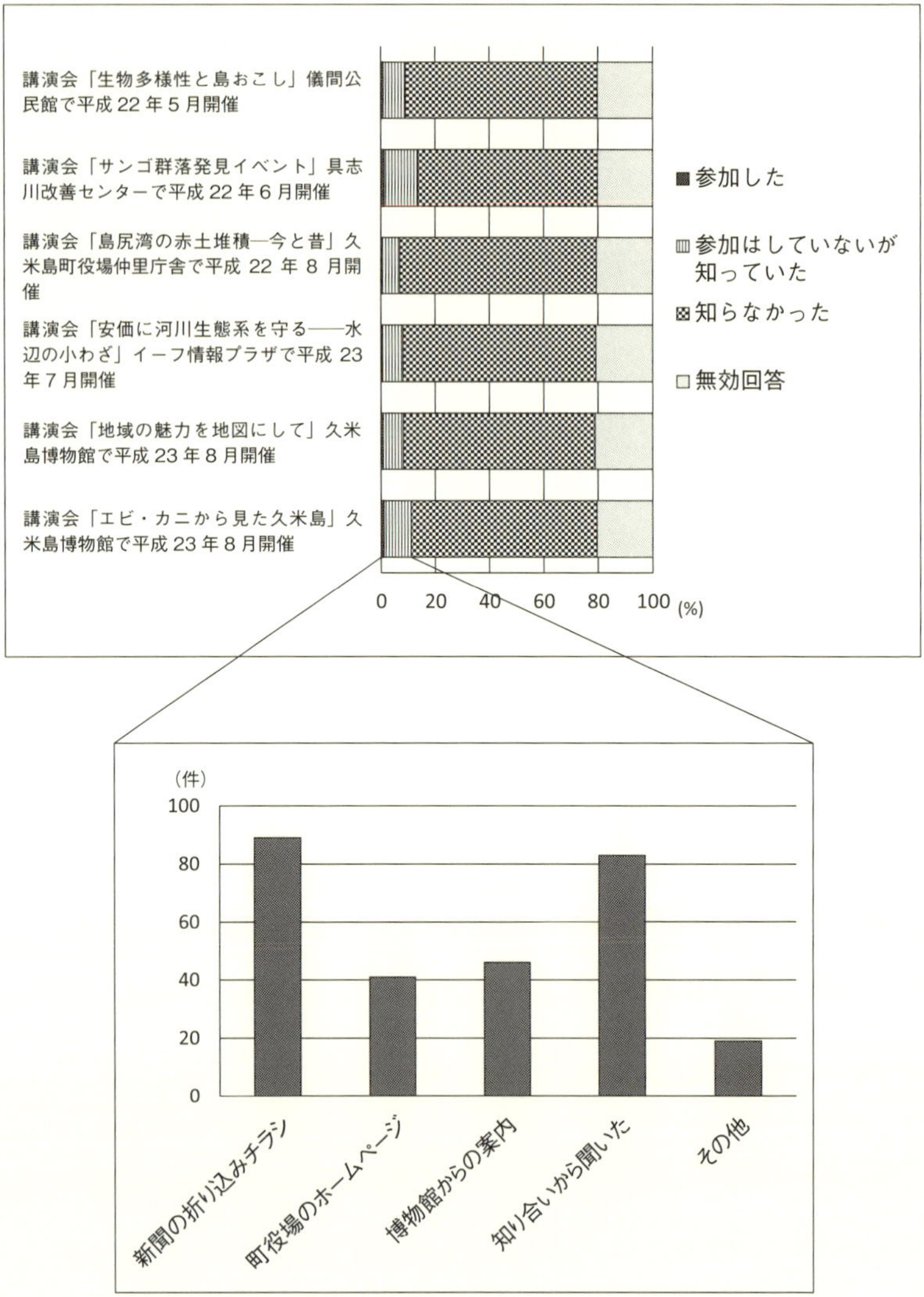

図6－4　プロジェクトが行った講演会の参加と認知（%）および情報入手経路（件）

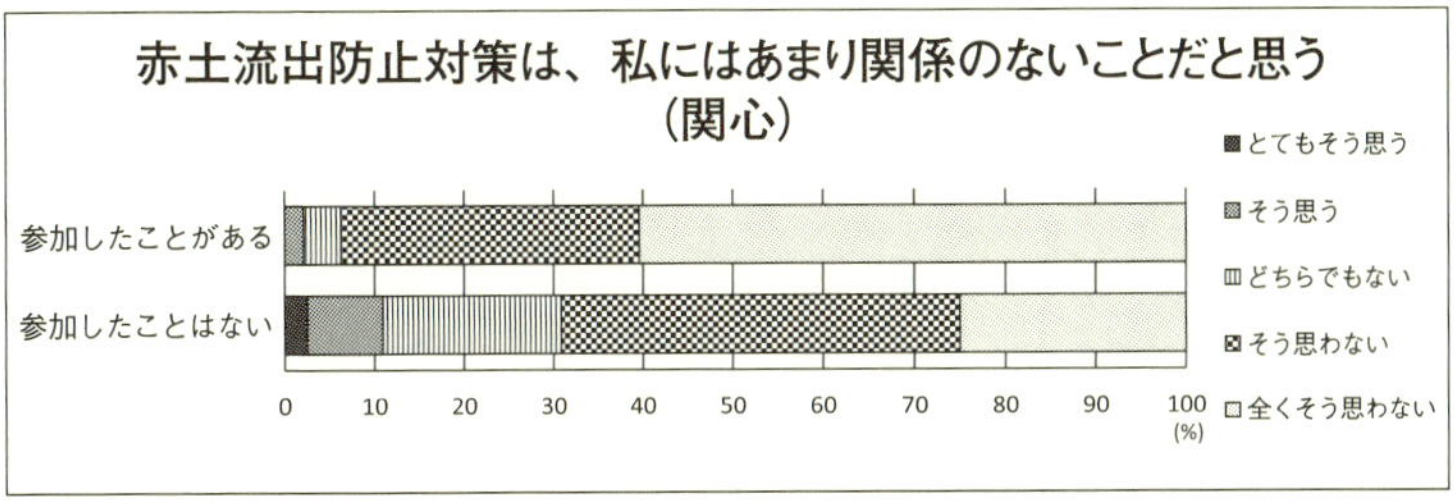

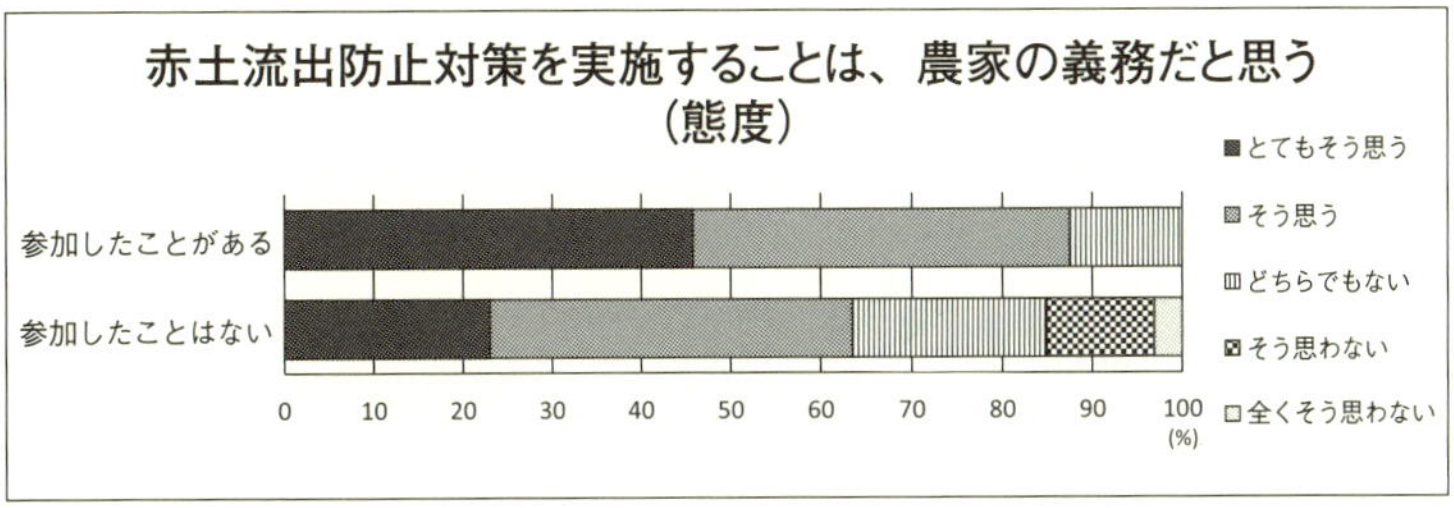

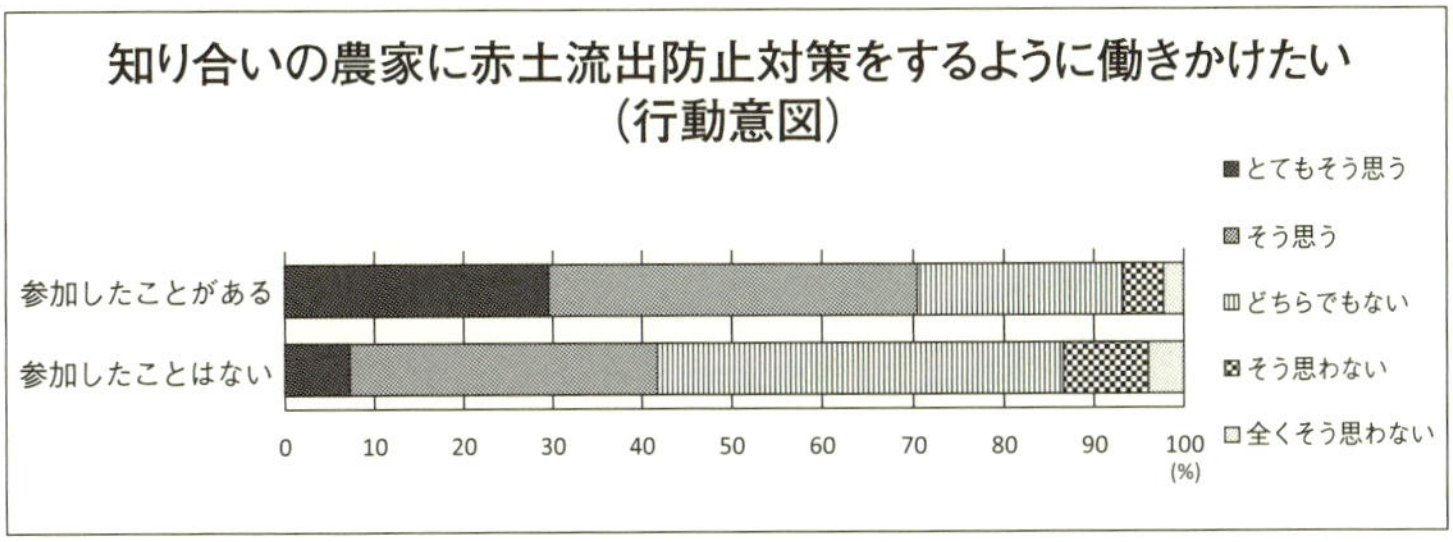

図６－５　赤土流出防止対策に対する関心・態度・行動意図（％）

る」グループの方が割合にして3倍も多いという結果で、本プロジェクトに参加した人はプロジェクト開始以前から「ベチバー」を利用した赤土流出防止対策の知識があったことが示されました。つまり、もともと関心が高いから応援プロジェクトに参加したという人が多かったということです。「参加したことがある」グループでは、ベチバーを「最近知った」人、「知らない」人は、合わせて72・1％となり、そのうち77・1％を占める「最近知った」人は、プロジェクトによってベチバーを知った可能性があると考えられます。これ対して、「参加したことはない」グループでは、「最近知った」人、「知らない」人は、合わせて90・9％となり、同様にそのうちの28・8％はプロジェクトによってベチバーを知った可能性があると考えられます。つまり「参加したことがある」グループは「参加したことはない」グループに比べて、ベチバーを「最近知った」人の割合が2・7倍も多かったという結果になりました。

2つ目の質問では、「参加したことがある」グループは「参加したことはない」グループに比べて、赤土の流れやすさについて「5年以上前から知っていた」人の割合が2・2倍も多かったという結果です。本プロジェクトに参加した人は、プロジェクト開始以前から知識があったことが示されました。さらに「参加したことがある」グループでは、赤土の流れやすさについて「最近知った」人、「知らない」人、合わせて45・5％で、そのうちの30％を占める「最近知った」人はプロジェクトによって知った可能性があると考えられます。これ対して、「参加したことはない」グループでは、「最近知った」人、「知らない」人、合わせて75・3％で、同様にそのうちの19・7％はプロジェクトによって知った可能性があると考えられます。つまり「参加したことがある」グループは「参加したことはない」グループ

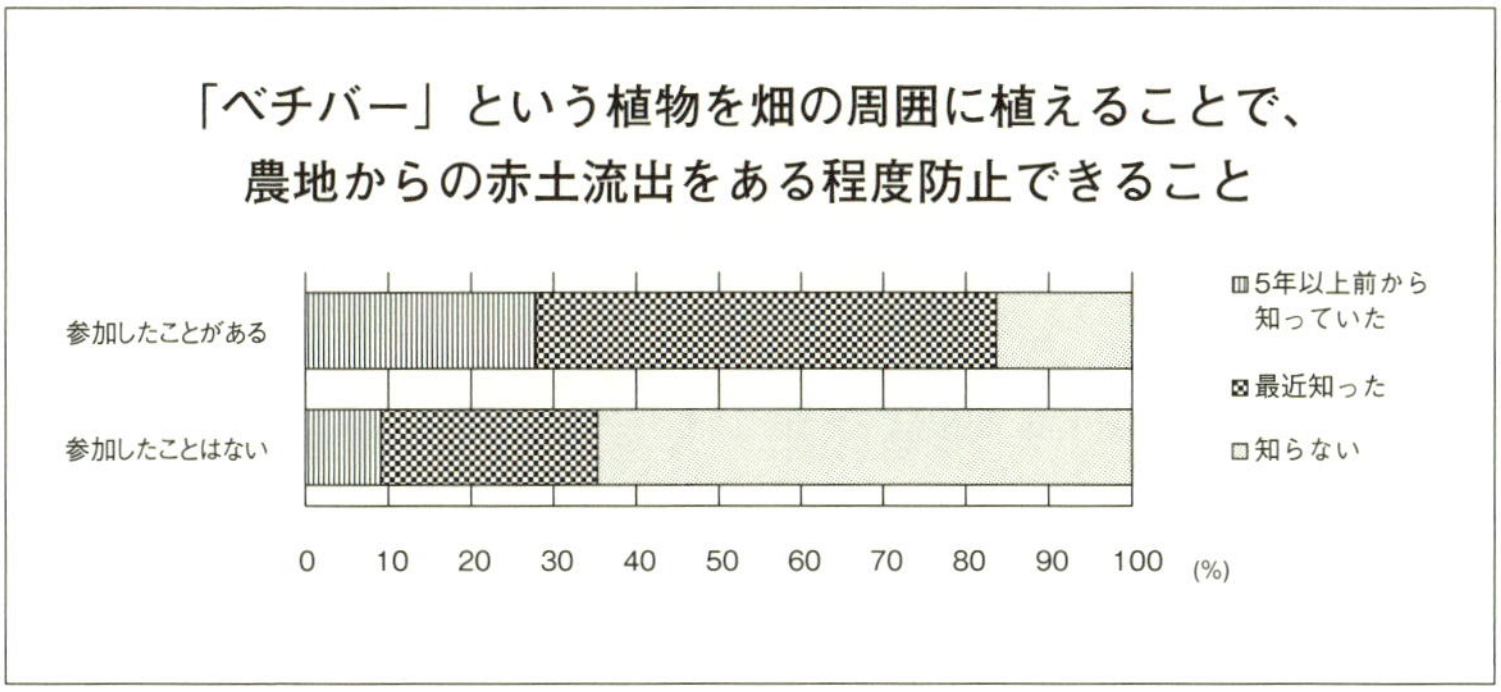

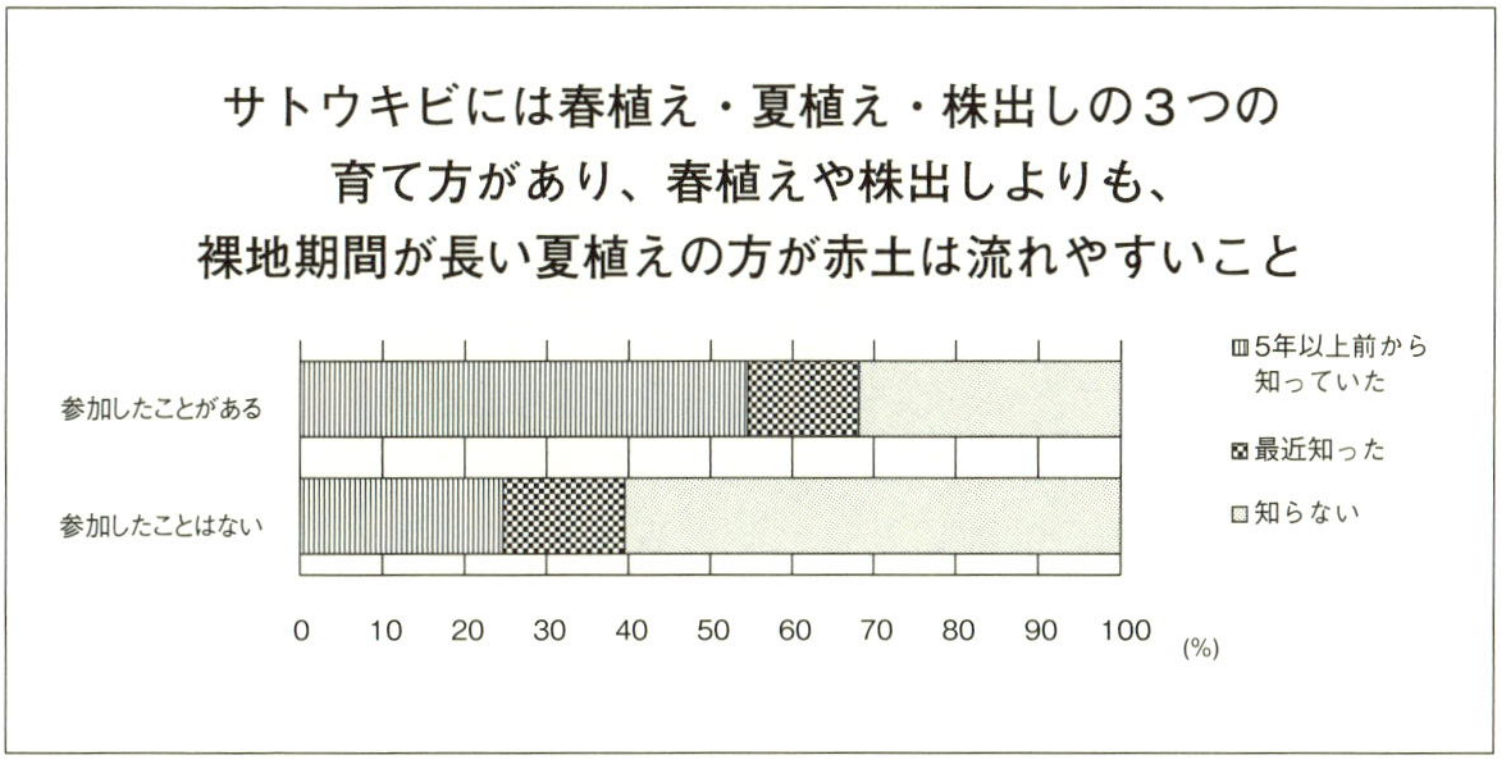

図６－６　プロジェクトが普及を図った赤土流出防止対策の方法の認知（%）

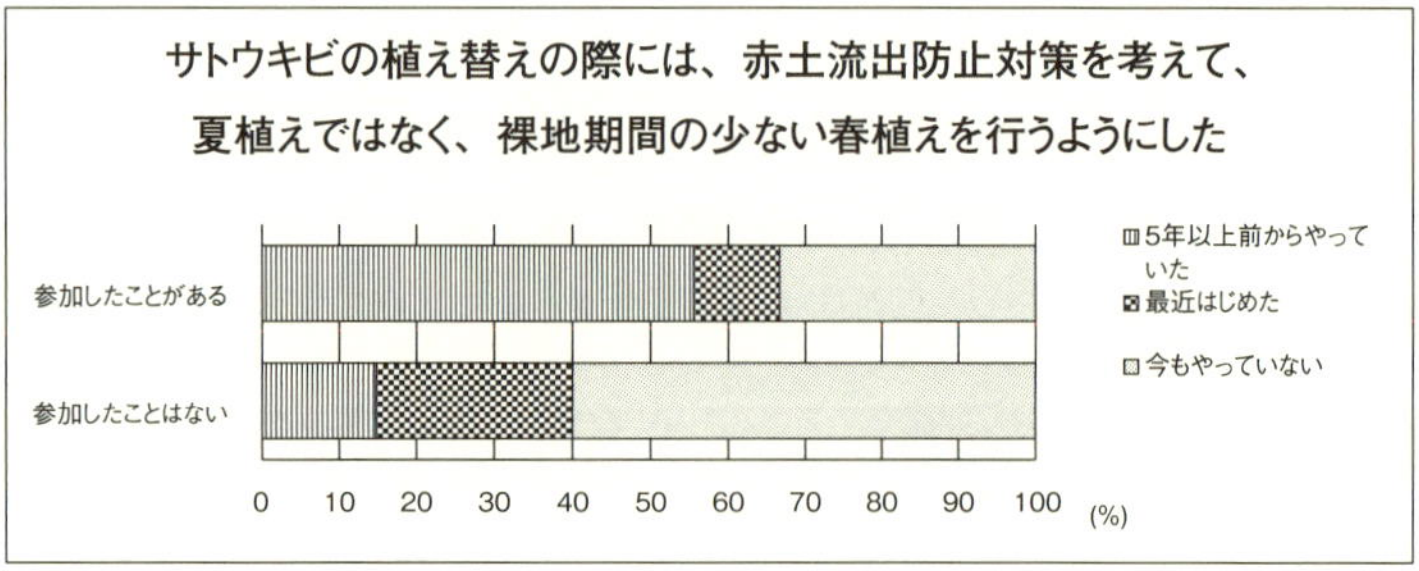
サトウキビの植え替えの際には、赤土流出防止対策を考えて、
夏植えではなく、裸地期間の少ない春植えを行うようにした
参加したことがある
参加したことはない
0 10 20 30 40 50 60 70 80 90 100 (%)
5年以上前からやっていた
最近はじめた
今もやっていない

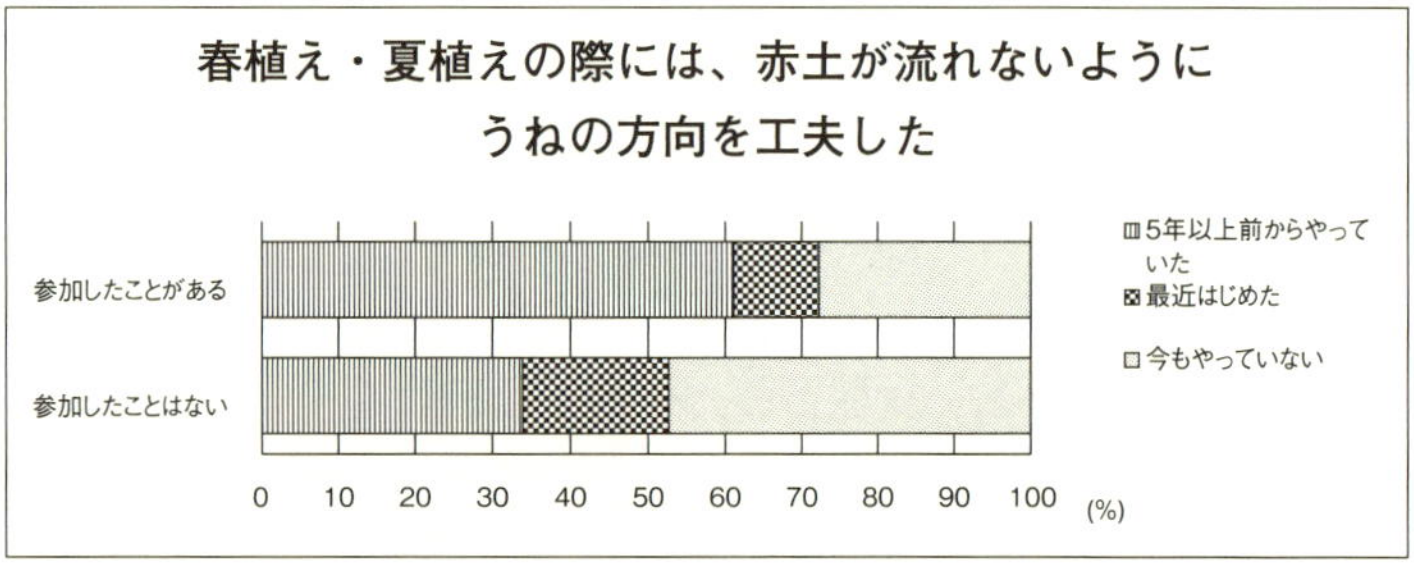
春植え・夏植えの際には、赤土が流れないように
うねの方向を工夫した
参加したことがある
参加したことはない
0 10 20 30 40 50 60 70 80 90 100 (%)
5年以上前からやっていた
最近はじめた
今もやっていない

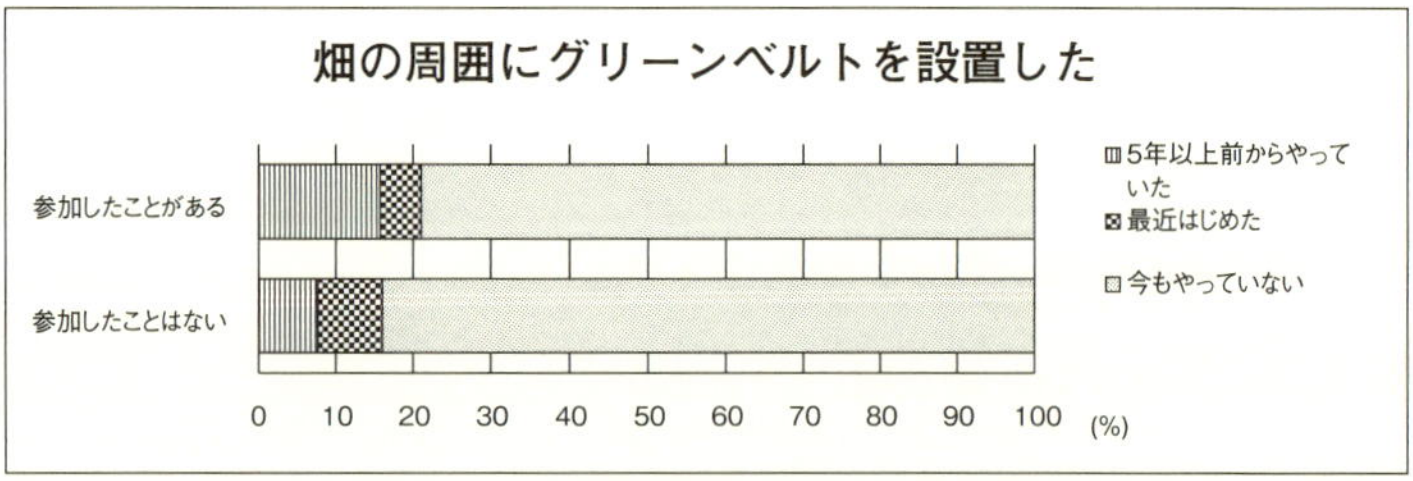
畑の周囲にグリーンベルトを設置した
参加したことがある
参加したことはない
0 10 20 30 40 50 60 70 80 90 100 (%)
5年以上前からやっていた
最近はじめた
今もやっていない

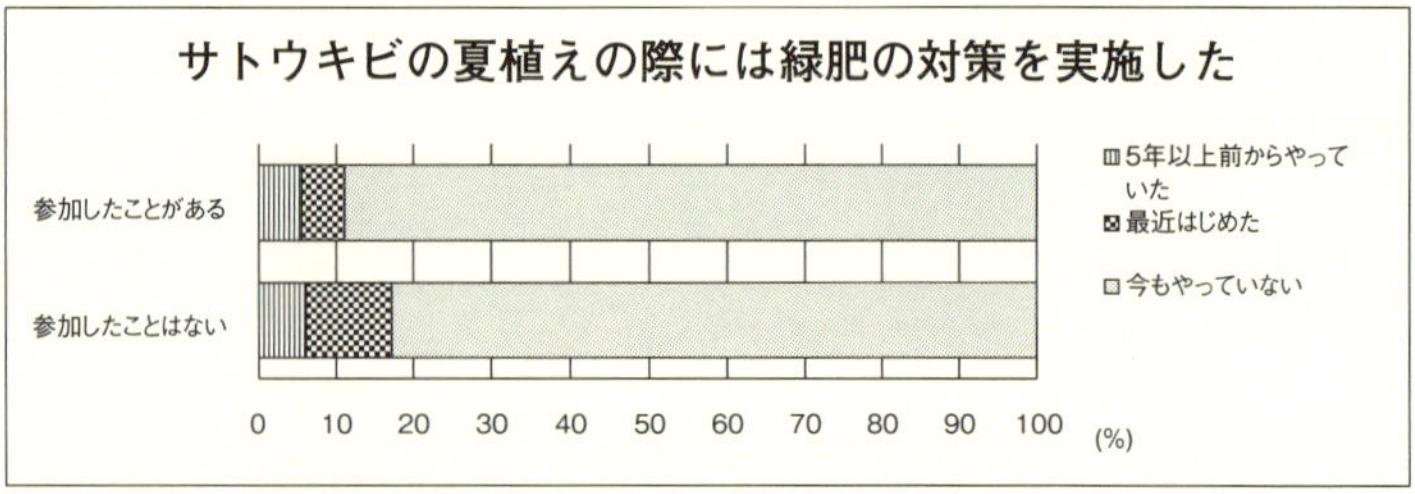
サトウキビの夏植えの際には緑肥の対策を実施した
参加したことがある
参加したことはない
0 10 20 30 40 50 60 70 80 90 100 (%)
5年以上前からやっていた
最近はじめた
今もやっていない

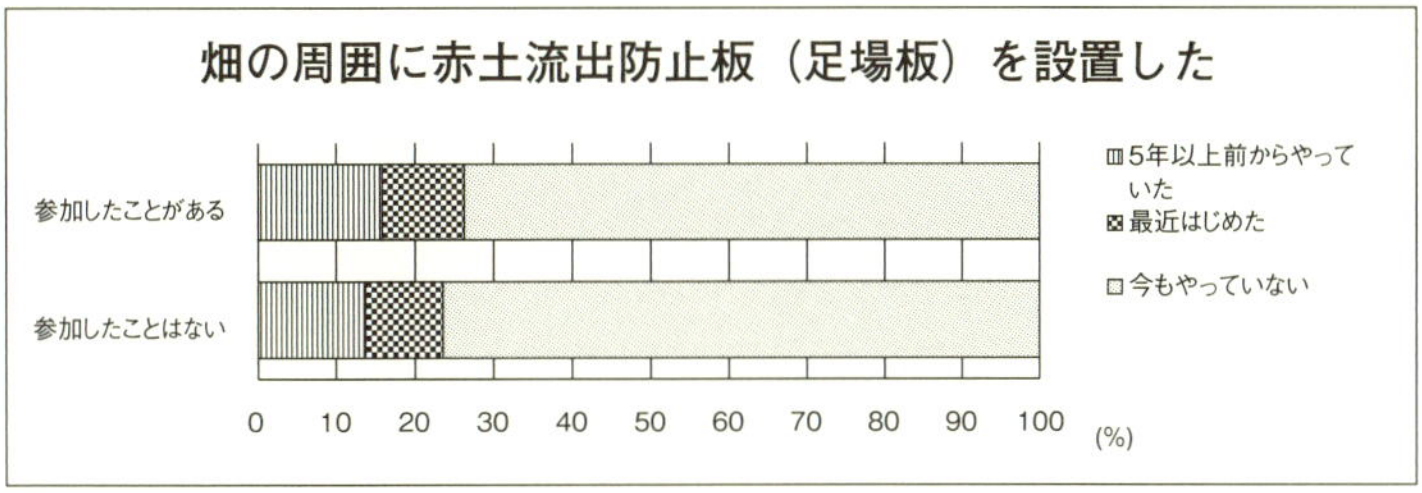

図6－7　赤土流出防止対策の具体的行動【農地所有者限定】（%）

に比べて、「最近知った」人の割合が1・5倍も多かったという結果となりました。

以上から、久米島応援プロジェクトに参加したことがある人は、確かにプロジェクト開始以前から赤土流出防止対策に向けた知識があった人が多いことが示されました。他方、それを最近まで知らなかった人に注目すると、プロジェクトが赤土流出防止対策に向けた知識の獲得に影響を与えた可能性があることが示唆されました。

さて次に、農地を所有している人320名に対して、赤土流出防止対策の具体的行動について、3年間の応援プロジェクトが始まる「5年以上前からやっていた」、「最近はじめた」、「今もやっていない」のいずれかで回答を求めた結果を図6－7に示します。この結果も、図6－5、図6－6の場合と同様に、久米島応援プロジェクトに「参加したことがある」、「参加したことはない」の2つのグループ間で比較しました。

2グループ間で差があったのは、「サトウキビの植え替えの際には、赤土流出防止対策を考えて、夏植えではなく、裸地期間の少ない春植えを行うようにした」という設問でした。「5年以上前からやっていた」人の割合は、「参加したことがある」グループの方が「参加したことはない」グループに比べて、3・8倍も多いという結果です。「参加したことがある」グループでは、「最近はじめた」人、「今もやっていない」人、合わせて44・4％で、そのうちの25％を占める「最近はじめた」人はプロジェクトの影響を受けてはじめた可能性があります。これ対して、「参加したことはない」グループでは、「最近はじめた」人、「今もやっていない」人、合わせて85・2％で、そのうちの30％が「最近はじめた」人です。つまり、どういうわけか「参加したことはない」グループの方が「最近はじめた」人の割合がより高いという結果となりました。

その他の赤土流出防止対策の具体的行動については、いずれも2つのグループ間で有意な差はみられませんでした。なお、最も数多く実施されていた対策は、「春植え・夏植えの際には、赤土が流れないようにうねの方向を工夫した」でした。「畑の周囲にグリーンベルトを設置した」、「サトウキビの夏植えの際には緑肥の対策を実施した」、「畑の周囲に赤土流出防止板（足場板）を設置した」は、いずれも7割以上の回答者が「今もやっていない」ということでした。

以上の結果から、今回の応援プロジェクトは住民による赤土流出防止対策の知識の獲得には影響を及ぼすことができたが、実際の赤土流出防止対策の行動にまで影響を及ぼすことができたとは言いがたいことがわかりました。

まとめ

「久米島応援プロジェクト」を少なくとも聞いたことがあると回答した人は久米島住民の約半数に上り、

また想像以上にプロジェクトの様々な活動が住民に認知されていたことがわかりました。これらの情報の入手については、テレビや新聞などのマスコミの影響が最も大きいことも明らかになりました。

プロジェクトに「参加したことがある」、「参加したことはない」の2グループ間で、赤土流出防止対策の関心、態度、行動意図を比較したところ、「参加したことがある」グループの方がいずれの段階においても意識が高いという結果が得られました。また、プロジェクトが赤土流出防止対策の知識の獲得に影響を与えた可能性があることも明らかになりました。

しかしながらプロジェクトは赤土流出防止対策の行動にまで影響を及ぼすことはできなかったことが示唆されました。対策を実施している人が未だに少ない事実は、さらなる働きかけによりその状況が変わっていく余地があることも示しています。

あるプロジェクトの効果を測定する場合、厳密には同じ対象者に事前事後で同様の調査を実施する必要があります。今回の調査では、プロジェクトの参加・非参加の比較を行うことでその効果の抽出を試みました。結果として効果の一端は明らかになりましたが、例えば、環境への関心が高いからプロジェクトに参加したのか、あるいはプロジェクトに参加したから環境への関心が高まったのか、といった個人の意識変容の因果関係までは十分には明らかにできませんでした。これを明らかにするためには、少数の調査対象者を定め、事前事後にわたって調査する必要があります。

また今回は触れませんでしたが、赤土流出防止対策に関する意識は、性別や年齢、職業、久米島在住経歴によって異なることも考えられます。今後より緻密に解析を行うことで、さらに効果的な普及啓発方法の開発の一助になると思われます。

今回のアンケート調査は、久米島町の3分の1の世帯が回答を寄せて下さり、自由回答欄の回答率も予想より高いものでした。

プロジェクトメンバーの感想

権田雅之・深山直子

我々のプロジェクトは、久米島という希少性の高い自然を有する離島をモデルに、さまざまな立場の者が参加する保全活動というスタイルをとりました。メンバーは立場も違えば考え方や仕事のやり方も異なります。活動中はそれが有効に働いたケースと、残念ながらそうでないケースとがありました。

ここでは、異業種のメンバーがともに一つの目的に向かって取り組む難しさやその可能性などについて、事例を紹介していきたいと思います。

プロジェクトの難しさ

まず、10人を超えるメンバーで構成するプロジェクトなので、全員が目指すプロジェクトのターゲットとそのためのアプローチについて共有するため、企画段階だけでなく、その時々でメンバーによるミーティングをし、議論を深めました。ほとんどのメンバーが30代中心の若手で構成されたこともあり、会議以外でのコミュニケーションも図りました。メンバー間で、時には地元の方と、熱い議論や時には白熱したやりあいをしたことを、活動の印象的な出来事だと振り返るメンバーもいます。いずれにしても、外部からのプロジェクトだという共通認識のもと、フィールド活動を行ったからこその経験でしょう。

その他、天候に左右されることも多くありました。流域の調査を行ったメンバーは、遠方から渡航するためなかなかスケジュールが合わせられないことがあります。久米島での活動中は快晴に恵まれ、順調に調査は実施できても、台風銀座とよばれるこの地域のこと、季節によっては飛行機やフェリーが欠航してしまうことは、南西諸島でのフィールドプロジェクトに特有の、注意しなければいけない点と言えるでしょう。頻繁には出張や渡航ができないメンバー、またシーズンごとの実行が必要な調査作業においては、天候や、特に移動手段の事情に左右されてしまうことがよくありました。

以前から久米島での調査を行っており、環境影響要因としての赤土流出の課題にかかわりたかったメンバーが他のプロジェクトメンバーとなる専門家と意見交換したことがきっかけで、久米島をフィールドに活動を展開するプロジェクトが立ち上がりました。やりたい人がいる、けれど技術や道具や資金や知識が不足しているなど、できない要因がある。そこに他の補完するものが加わることにより、同じ意志を共有し、それまでバラバラだったパズルのピースがうまくはまった時に、相乗効果の高いプロジェクトになります。このプロジェクトは、そのよい一例と言えるでしょう。

一方で、プロジェクトデザインをする時に、専門性やマンパワーを考慮し、やりたいことはもっとあるのに、リソースの限度から、一部の活動に限定して参加するということもよくあります。今回もプロジェクトの達成指標である赤土の流出・堆積量の調査とともに、保護が必要なサンゴがある場所、またはその生息状況調査も必要だったのですが、残念ながら、3年間というプロジェクトの時間的な制約から十分に調べることはできませんでした。

さらにプロジェクトのテーマである赤土だけでなく、他の影響要因を含めた、根本的に海を汚さないというPR、漁業への関与が入っていないことなど、ほかの社会的な要因も十分に含めることができなかったのは、今後の課題だという意見もメンバーの中にはあるようでした。投入できる活動リソースが膨大にあり、活動期間も無限にあれば、より多くの活動と目標の実現を目指すこともできますが、何に対して、いつまでを期限として取り組むのか、その選択と集中の見極めが、期間限定のプロジェクトの場合は必要です。

今回は、外部から島内への働きかけを行うため、現地の方との関係作りが重要でした。島に生まれ育った人たちにどうアプローチしたらいいか、その手法は活動内容や地域に応じて様々で、試行錯誤しながら見つけていくしかないのですが、我々の活動では、直接の「会話」を通じ、個人対個人の信頼を築くことが大切だと感じました。たとえば環境教育も子どものために実施、ということだとすぐに住民にも理解が得られ、参加してもらえたりします。きっかけを探しつつ、連携作りをすることが必要です。地元の高齢者団体とかかわったメンバーは、高齢者の方との会話で、本土の人はアメリカ軍よりひどいことをしたという歴史的な話を何度も聞かされ、初めのうちはお会いするたびに「また来たのか」、という対応だったものが、徐々にこちらに理解を示してくれるようになり、最終的には、他の住民の方々へお話をつないでもらう関係となりました。時間がかかっても、地道に直接顔を合わせることで、こちらを理解してもらい、協力関係ができあがるのです。

プロジェクトというものには、終わりがあります。その着地点はいつまでに、どういうものにするのかを企画段階で設定することが重要です。現地で継続する活動を、地元の関係者につなげるということを目指すのに、ゼロから始めて、3年という期間で活動するにはあまり欲張った目標は不可能です。今回、地元の自然環境に詳しいメンバー、行政担当者や役場と交渉を進めるメンバー、地元のNPOを支援するメンバーなどに分けたことにより、それぞれとコミュニケーションを図るうえで、柔軟な対応ができたと思います。

科学的な調査データをもとに、現地に対し活動の共有を求めることは論理的な手法ですが、その過程で、地域との関係や地域内の活動主体同士に優劣が発生したり、関係性の点で強弱が生まれてしまうことはあり得ます。このような場面でも、同じ担当がすべてを判断・応対するのではなく、分担し合うことでスムーズな関係性の構築や適切な判断をすることができます。

地元との関係については、合意が得られない、交渉に膨大なリソースが必要になる、せっかく支援した組織体が解散するなど、さまざまな状況から、関係が維持できない状況となることもあり得ます。我々のプロジェクトでもそのような事態が何度かありましたが、そういった場合も完全に関係を断つことなく、担当者が粘り強く、細々とでも活動や情報を共有し続けてきたことは、いつか何らかの形でプロジェクトのプラスになると考えています。ただしあまりにも困難を伴う相手や事象に対しては、それだけで、3年間という期間のほとんどが費やされてしまう可能性があります。

ターゲットにした地域がいかに小さくとも、そこに住む人は一人や二人ではありません。まして何らかの行動を働き掛ける活動ともなると、主義主張がぶつかる場面も少なからずあり、住民と同じ土俵で交渉することは、住民の将来を左右するようなことにもなりかねないことがあり、判断が難しい場面も多々あります。あきらめるところは潔くあきらめ、主目標からはずれた作業については、やらない、手を引く、時には活動上の関係構築をあきらめるという判断もありうるのです。

プロジェクト終了後、一部研究機関のメンバーは活動を続けていますが、3年という期間ではできなかった、南西諸島の歴史を踏まえた赤土流出対策という大きなテーマに対し、何が実現できるのか現地、久米島での活動を継続しつつ模索が続いています。メンバーの専門性ごとに、取り組んだ成果を南西諸島の将来を見据えた環境保全活動のために活かせるかが非常に重要です。その実現には、科学的な調査や得られたデータ、それらを活用した活動方針が必要なのです。

役場でプロジェクトの最終報告会を開催した際に、行政との協働によるさらなる連携した取り組みの可能性が示唆されましたが、行政担当者は日常業務で忙しく、どう理解・協力してもらうか、また定期的な人事異動で体制が変わってしまうなど、継続性という点で難しい要素も多分にあることを感じました。ただしこれは、行政の制度上やむを得ない前提条件として考え、相互のコミュニケーションを図り、協力できる活動を築いていくしかないでしょう。

我々のプロジェクトが、久米島町役場によるベチバーの活用や、役場による島内での苗の育成へとつながったのは、役場の尽力によって成し遂げられた大きな成果です。

今回は、赤土の対策活動地域を儀間川流域に絞り、削減数値目標を設定しました。また、プロジェクト当初、島尻湾でのサンゴ調査を実施し、その後継続して実施することも有意義だったかもしれませんが、プロジェクトの全体計画や調査担当メンバーの時間的都合により行いませんでした。こうした追加調査などに順応できる余地を残しておくことは、必要かもしれません。

実際に、文化人類学者のメンバーからは、地元の方からの聞き取りの中で、遠く離れた異国から久米島への来島が歴史的にあったこと、興味深い伝承の発見、琉球大学の30年前のデータの存在が明らかになり、モデル地区である儀間の調査に大きく貢献したことなど、プロジェクトによる副次的な成果も決して少なくありませんでした。

メンバー同士の難しさ

今回のプロジェクトは、自然環境をテーマにするという点で、プロジェクトメンバーの文化人類学の専門家にとっては、かかわり合いが難しいのではないかと思われていました。プロジェクトではその点を考慮し、企画段階からより一層役割を明確にすることにより、専門性を発揮してもらうことに努めました。

環境保全活動を担う団体メンバーは、期限と目標を達成するために、地元の団体や区長さんなどによる住民への働きかけを、やや強引に依頼してしまった場面もあったようです。このことは、後に、地元の方とお話をする中で、あのときはずいぶん困ってしまった、という感想をもらい、プロジェクトとしては反省すべき点の一つです。プロジェクトメンバーの中でも、日頃の研究調査において、住民に対して積極的に影響を及ぼすことに慎重なメンバーは、その行動がやや無理強いに感じた場面もあったようです。

あくまでも主役は地元の人たちで、その意思決定に一石を投じ、波紋がどのように広がるかは相手に任せるしかなく、波の方向を変えることは、外部の者によるプロジェクトにとっても、地域にとっても、時には望まない結果を招くことがあります。

メンバーが東京から沖縄本島在住まで、それぞれの距離が離れていたことは、意思疎通の上でも困難がありました。ミーティングで一番人数が集まったのは立ち上げの一回目の会議でしたが、そこでも全員が集まることは無理でした。

東京と沖縄間で意思疎通を図るには、コストや時間を考えて、ミーティングを計画的に実施するなど、メンバー同士の「顔を合わせた情報共有の場」作りに工夫が必要です。

さらに、このプロジェクトの内部でも、担当者が途中で交代することがあり、メンバー同士の情報共有や相互理解以上に、現地の団体関係者との間に、改めて信頼関係を作るのに非常に時間がかかりました。プロジェクトメンバーが所属する組織ごとに事情や判断があったにせよ、3年程度の短期プロジェクトを実践するに当たっては、外部との関係性を優先し、中途段階での異動を避ける、複数名がかかわる体制を組む、十分な引き継ぎ期間を確保することなどが求められます。

一方で、多くのメンバーがかかわるようなプロジェクトは、専門性による分担が可能です。これにより、ともかく何でも自分でやらなくてはいけなかったことが、いろいろなメンバーが分担することで、非常に楽に活動が進んだというメンバーの感想もありました。

この他に、大規模なサンゴや新種の発見など、地域とのつながりを作れたことが、プロジェクトやその他多くの活動にもプラスになりました。地元独自の話題作りは住民のみならず、地元の行政とのつながりを作るうえでも有効でした。

コラム18　人口減少

沖縄県全体の人口は、1950年から2010年の60年間で、約70万人から約140万人へと2倍に増加していますが、離島に目を向けると軒並み半分に減少しています。久米島も例外ではなく、1950年には1万6609人でしたが、2010年には8488人にまで減少しています。中学・高校を卒業した若者が、さらなる教育や仕事を求めて島を離れ、しばしばそのまま戻ってこないことが最大の原因だと考えられており、島内での少子高齢化と連動している現象と考えられます。なんとか人口減少を食い止めるため、島出身者にUターンを促したり、島外出身者にIターンを勧めたりすることが重要だと考えられますが、その場合には島内での仕事の創出が大きな課題となるでしょう。

（深山直子）

第7章　久米島のこれから

権田雅之・深山直子・山野博哉

プロジェクト終了後、２０１３年3月に地元保全団体の一般社団法人久米島の海を守る会が役場と環境保全活動の協定を締結しました。地元での官・民連携による保全活動実施体制が名実ともにできたわけですが、その後、漁業協同組合や農業組織である土地改良区とも相互の連携体制が話し合われています。活動が、地域で横断的且つ補完的につながり、今後ますます盛り上がりつつある一方で、対策に協力いただいている農家の数はまだまだわずかです。このため、久米島の海を守る会が行っている農家による赤土対策活動への助成制度がさらに普及し、役場による補助制度とマッチングした補完的効果がうまれることが期待されます。

保全対策の効果を上げるため、農地の状況を常に把握し、評価する仕組みも重要です。プロジェクトのメンバーである国立環境研究所では、プロジェクト終了後も農地の評価分析のため、モニタリングカメラを設置し、遠隔からでもどの農地が赤土流出の危険が最も高いのか、リアルタイムで把握できる仕組みづくりを進めています。この仕組みの導入が実現すれば、情報を地域の行政や保全団体などと共有し、行政区や土地改良区などの単位で、効果的な赤土流出の対策を進めることができるはずです。環境保全には自然を資源としてとらえる考え方も重要です。地元の環境を生かし、それを観光資源として活用し、利益が増えることで活動の動機にもなります。地元ホテル、ダイビングなどの観光業のほかに自然観察施設など幅広い業種がかかわり、地元がさらに連携する可能性を秘めています。

また昨今の沖縄県では、毎年の一括交付金を活用した各地の観光プログラムの創出に力を入れており、久米島の観光協会が地元保全団体らと協力してツアーの受け入れを試みるなど、観光と環境だけでなく、地元の暮らしや文化を横断する、特色ある観光プランを考えています。

久米島の自然は島特有の風土で育まれたものです。各地で行われている自然を体験するエコツアーでは、なぜこの自然がこの地域にあるのか、それがどのような状態にあるのかを、そしてそれを保全するためにはどう行動すればいいのかを、参加者一人一人が考え、行動に結びつけることが必要でしょう。将来的には観光収入の一部を環境保全協力金として自然に還元するような、お金の循環が生まれることが必要だと考えます。さらに、参加者にツアー代金以外にもお金を使ってもらうには、付加価値のある加工品の開発や地元の名産を提供する仕組みが、同時に必要です。

島内の自然にかかわる組織や環境保全活動団体だけでなく、観光協会やそれに準ずる機関が、地域企業や一次産業を連結する基軸の役割を担うことで、環境保全に大きな効果を生む可能性を秘めているのです。

久米島応援プロジェクトは、島全体の赤土問題にかかわれたわけではありません。儀間川流域を活動対象地区に定め、効果的な対策実施の先行モデルを作り、それが他の集落や農地に波及することを期待しています。地元と連携することで、島内での情報の発信効果も期待でき、同時に、多くの支援や評価を得ることにもつながります。久米島応援プロジェクトのメンバーであるＷＷＦでは今後、生物多様性において他の重要な地域に対しても、久米島での事例を紹介し、各地の保全体制づくりを進めていく予定です。

久米島応援プロジェクトは、地元の人たちとの話し合いを通じて得られた理解と協力のたまものだと考えています。今後の発展的な取り組みとして、球美島と呼ばれた久米島は稲作の水田が広がる美しい風景がありましたが、その風景を取り戻そうという試みがあります。

島で昔からの伝統である稲作は、水や土を留める栽培方法です。サトウキビ畑を赤土流出の心配も少ない、かつての棚田に戻すことによって、将来的に、島の高台から望む棚田とその向こうに広がるサンゴ礁の海の大変美しい風景が観光客を呼ぶかもしれません。さらに、ここで採れたもち米や、久米島産のベニイモなどを使った地元料理が味わえる、素敵な農家レストランやカフェができれば、個性的な地域産業として、話題になるだけでなく雇用創出にも貢献することでしょう。もとより、水田が復活することで、そこに生息していたトンボをはじめとした生き物が戻ってくるはずです。事実、棚田ではこの取り組みが始まって以降、すっかり見かけなくなっていた生物が復活しているそうです。島の古き良き風景の復活はそう遠いことではないかも知れません。環境の持続的利用先進地、久米島として、観光産業や地産地消での雇用促進の素晴らしいモデルになることを期待しています。

そして将来の世代にわたり、久米島の素晴らしい自然が残され、人びとがその恵みを享受し続けられる、魅力にあふれた島となることを願ってやみません。

コラム19　観光

　久米島は、沖縄本島の那覇から飛行機なら約30分、フェリーなら約4時間のところにあります。周辺の有人島からは大きく海で隔てられた離島だけに、スノーケルやダイビングのスポットは豊富で、「日本の渚百選」に選ばれた「イーフビーチ」やサンゴ由来の砂でできた砂州である「ハテの浜」の白さは、特筆するに値します。その一方で、「具志川城跡」や「宇江《うえ》城《ぐすく》城跡」は、祖先の手による貴重な遺跡で、この島が辿ってきた豊かな歴史に触れることができます。さらに集落を歩けば、なおも赤瓦の家やフクギの並木が見られ、そんなところを迷子になりながら住民の方と言葉を交わすこともまた、かけがえのない経験になるでしょう。久米島の年間の観光客数は現在、8万7000人（平成25年時点）です。沖縄県全体の観光客数が658万人（平成25年時点）にも上ることを考えると、もっと人気が出てもいいように思います。

　本島から少し足を延ばし、山と海双方に恵まれて今もゆっくりとした時が流れる久米島を、訪れてみませんか？

（深山直子）

コラム20　サンゴ礁保全推進協議会

　サンゴ礁は、さまざまなサンゴが気の遠くなるような時間をかけて形成した地形ですが、サンゴがもしいなくなった場合、そのサンゴ礁は波の力などで砕け失われる運命にあります。サンゴに迫る危機は数多くありますが、その要因となる人間活動も、土地開発から生活排水そして農業活動などなど様々です。一方で、守ろうとする側も、自然保護団体やダイビング業者、そして研究者から行政関係者まで実に幅広い方々がいます。

　サンゴ礁保全推進協議会（ウェブサイト　http://coralreefconservation.web.fc2.com/）は、２００７年に沖縄県自然保護課による「民間参加型サンゴ礁生態系保全活動推進事業」を基に設立された協議会です。地域住民、漁業者、観光業者、農業者、企業、教育関係者、研究者、ＮＰＯ、行政機関など、実に多くの方々が参加し、横断的に結びつくとともに、意見交換の場の役割りを通じて、それぞれの活動を連携させ、持続的なサンゴ礁の利用と保全を目指しています。最近では、写真展やシンポジウムの開催のほか、保全や再生活動への助成やサンゴ礁ウィークの立ち上げなど、南西諸島の海の宝であるサンゴが織りなすサンゴ礁という沿岸生態系、その保全を広く呼び掛け、住民を巻き込んだ保全の実現に向け取り組んでいます。（権田雅之）

サンゴ礁の保護を目指した団体のロゴとして、市民からの一般公募により2014年に作られた（提供　沖縄県サンゴ礁保全推進協議会）

コラム21　海洋深層水

久米島の周囲の深い海には、水温が低く、栄養に富む、深層水と呼ばれる水があり、島には水深６００ｍから深層水を汲み上げて活用する施設があります。この深層水は、海洋温度差発電、農業、養殖などさまざまな用途に活用されています。海洋温度差発電は深海の冷たい深層水と表層の温かい海水の温度差を利用し、沸点の低い熱媒体を表層水で気化させてタービンを回して発電し、冷たい深層水で再び液体に戻すという方法で行われます。深層水の汲み上げに使う電力以上を発電できる、自然エネルギーを使った発電方法です。冷たい深層水は夏の暑い時期に農地を冷やし、暑さを好まない作物を育てることにも使われています。また、深層水には豊富な栄養が含まれており、クルマエビの種苗生産や海藻の養殖にも活用されています。さらには、深層水を使った化粧品の開発も行われています。

こうした自然のエネルギーや資源を活用する深層水は大きな注目を浴びており、現在は発電を含め試験段階のものも多いですが、将来的には規模を拡大し、島の一大産業として発展することが期待されています。（山野博哉）

コラム22　クルマエビ養殖

久米島の北の隆起サンゴ礁をよく見ると、四角く切れ込んだ池があります。この池でクルマエビの養殖が行われています。冬でも暖かい沖縄県はクルマエビの生育期間が長くとれるため、クルマエビの全国一の生産量を誇ります。その中でも久米島は沖縄県の中で最も古くから養殖が行われ、全国のクルマエビ生産の15％を占めます。久米島には種苗供給センターがあり、海洋深層水を使用してクルマエビの種苗生産を行って稚エビを供給しています。クルマエビは15センチから30センチの出荷されるサイズまで養殖池の中で7ヶ月間養殖されます。養殖池の水は離水サンゴ礁を削って作った水路を通じて交換され、清浄な状態が保たれています。久米島の隆起サンゴ礁は海面下数メートルの高さにあるため、こうした養殖池を作るのに適しています。農業には適さない硬い隆起サンゴ礁をうまく活用したものだと言えるでしょう。（山野博哉）

全国一の生産を誇るクルマエビ

謝辞

「久米島応援プロジェクト」の実施と本書の執筆にあたっては、久米島町役場、島内の各字、学校、久米島観光協会、久米島博物館、久米島ホタル館、久米島製糖、米島酒造、ダイビングガイドや漁業者各氏など、大変多くの方々に有益な情報をご提供いただくと同時に、貴重な時間と労力を割いてご協力いただきました。またプロジェクトの研究活動や本書制作に対し、三井物産環境基金と国立環境研究所に、多大なご支援をいただきました。さらに、築地書館のご担当者には、我々が遅々として執筆が進まないなか、辛抱強くお付き合いいただきました。併せてここに篤く感謝申し上げます。

最後になりますが、「よそ者」である我々を温かく迎えていただき、「久米島応援プロジェクト」にご理解とお力添えを頂きました、久米島の住民のみなさん一人ひとりに対し、心から御礼申し上げます。

参照文献

深山直子

池原真一　1979『概説沖縄農業史』月刊沖縄社

上江洲均　2007『久米島の民俗文化―沖縄民俗誌Ⅱ』榕樹書林

大原移住百周年記念事業実行委員会記念誌部会（編）1986『大原移住百周年記念誌』新報出版

小川徹　1982「久米島民俗社会の基盤―水田造営形態と集落移動の関係について」沖縄久米島調査委員会編『沖縄久米島』弘文堂

沖縄久米島調査委員会（編）1982『沖縄久米島―「沖縄久米島の言語・文化・社会の総合的研究」報告書』弘文堂

沖縄県立博物館（編）1996『大久米島展―しぜん・ひと・もの　特別展』沖縄県立博物館

金城功　1992（1985）『近代沖縄の糖業』ひるぎ社

具志川村史編集委員会（編）1976『久米島具志川村史』具志川村役場

久米島製糖株式会社（編）1980『久米島製糖株式会社20周年記念誌』久米島製糖株式会社

久米島製糖株式会社（編）2013『久米島の糖業』（非刊行）

久米島西銘誌編集委員会（編）2003『久米島西銘誌』久米島西銘誌編集委員会

桜井徳太郎・加藤正春・小川順敬・田村敏和　1982「共同体祭祀の構造と機能―とくに祭地・祭儀と神役の継承」

名嘉正八郎　2003『沖縄・奄美の文献から見た黒砂糖の歴史』ボーダーインク

仲原善秀　1982「久米島の歴史」沖縄久米島調査委員会編『沖縄久米島』弘文堂

参照ウェブページ

久米島町ホームページ（2014年12月1日アクセス）http://www.town.kumejima.okinawa.jp/

山野博哉
木村政昭　１９９６『琉球弧の第四紀古地理』地学雑誌、１０５、269-285
神谷厚昭　２００７『琉球列島ものがたり』ボーダーインク
Kan H, Takahashi T, Koba M 1991 "Morpho-dynamics on Holocene reef accretion: drilling results from Nishimezaki Reef, Kume Island, the Central Ryukyus" *Geographical Review of Japan B*, 64, 114-131
比嘉榮三郎・大見謝辰男・花城可英・満本裕彰『沖縄県における年間土砂流出量について』沖縄県衛生環境研究所報、１９９５年、29、83-88
佐藤文保　２００８『クメジマボタル発生変動について（２００１年から２００７年まで）』久米島自然文化センター紀要８、47-63
西島信昇・諸喜田茂充・大城信弘　１９８０『久米島儀間川における淡水動物の生息状況』p.113-125. In:「環境科学」研究報告集「琉球列島における島嶼生態系とその人為的変革」144pp.
西島信昇・諸喜田茂充・大城信弘　１９８１『久米島における河川動物群集の特性と人為的変革』p.205-241. In:「環境科学」研究報告集「琉球列島における島嶼生態系とその人為的変革 II」288pp.
花城可英・大見謝辰男・比嘉榮三郎・満本裕彰　１９９５『河川底質中の懸濁物質含量簡易測定法について―簡易測定法による河川工事の赤土汚染調査―』沖縄県衛生環境研究所報29、77-81

編著者紹介

権田雅之（ごんだ　まさゆき）
1973年、愛知県春日井市に生まれる。
1996年、日本大学農獣医学部畜産学科（当時）卒業。
2000年、オーストラリア、ニューイングランド大学環境管理学修士課程修了。現在、公益財団法人世界自然保護基金（ＷＷＦ）ジャパン自然保護室南西諸島プロジェクト担当。

深山直子（ふかやま　なおこ）
1976年、東京都に生まれる。
2000年、慶應義塾大学文学部史学科卒業。
2008年、東京都立大学大学院社会科学研究科博士課程単位取得退学。博士（社会人類学）。専攻は、社会人類学、オセアニア地域研究、先住民研究、沖縄研究。現在、東京経済大学コミュニケーション学部准教授。

山野博哉（やまの　ひろや）
1970年　兵庫県に生まれる。
1994年　東京大学理学部地学科地理学課程卒業。
1999年　東京大学大学院理学系研究科地理学専攻修了。博士（理学）。専攻は、自然地理学・サンゴ礁学。
現在、国立研究開発法人国立環境研究所　生物・生態系環境研究センター長。
共著書に『日本のサンゴ礁』（自然環境研究センター）、『サンゴ礁学』（東海大学出版会）、『Coral Reef Remote Sensing』（Springer）など。

執筆者紹介（五十音順、所属はプロジェクト参加当時）
金城孝一（きんじょう　こういち）　沖縄県衛生環境研究所
仲宗根一哉（なかそね　かずや）　沖縄県衛生環境研究所
浪崎直子（なみざき　なおこ）　独立行政法人国立環境研究所
林誠二（はやし　せいじ）　独立行政法人国立環境研究所
藤田喜久（ふじた　よしひさ）　琉球大学、NPO法人海の自然史研究所
安村茂樹（やすむら　しげき）　公益財団法人世界自然保護基金ジャパン（WWFジャパン）

久米島の人と自然
小さな島の環境保全活動

2015年8月10日　初版発行

編著者　権田雅之＋深山直子＋山野博哉
発行者　土井二郎
発行所　築地書館株式会社
東京都中央区築地7-4-4-201　〒104-0045
TEL 03-3542-3731　FAX 03-3541-5799
http://www.tsukiji-shokan.co.jp/
振替 00110-5-19057
印刷・製本　中央精版印刷株式会社

ISBN978-4-8067-1499-6 C0040